建筑施工特种作业人员安全技术培训教材

塔式起重机安装拆卸工

黑龙江省建设安全协会　主编

中国建材工业出版社
北　京

图书在版编目(CIP)数据

塔式起重机安装拆卸工/黑龙江省建设安全协会主编. --北京：中国建材工业出版社，2024.4
建筑施工特种作业人员安全技术培训教材
ISBN 978-7-5160-3948-9

Ⅰ.①塔… Ⅱ.①黑… Ⅲ.①塔式起重机—装配（机械）—安全培训—教材 Ⅳ.①TH213.308

中国国家版本馆 CIP 数据核字（2023）第 236172 号

塔式起重机安装拆卸工
TASHI QIZHONGJI ANZHUANG CHAIXIEGONG
黑龙江省建设安全协会　主编

出版发行：中国建材工业出版社
地　　址：北京市海淀区三里河路 11 号
邮　　编：100831
经　　销：全国各地新华书店
印　　刷：北京雁林吉兆印刷有限公司
开　　本：850mm×1168mm　1/32
印　　张：5.75
字　　数：140 千字
版　　次：2024 年 4 月第 1 版
印　　次：2024 年 4 月第 1 次
定　　价：32.00 元

本社网址：www.jccbs.com，微信公众号：zgjcgycbs
请选用正版图书，采购、销售盗版图书属违法行为

《建筑施工特种作业人员安全技术培训教材》编审委员会

《塔式起重机安装拆卸工》编写组名单

主　　编：乔红东　曹　博　梁芳芳

编写成员：白震宇　邱　冬　高文龙　唐文林

魏振宇　杜维松　任晓臣　吴国冻

丛　宇　张绍璐　朱晓羽　赵　强

序　言

建筑施工特种作业危险性大，如操作不当或失误，易对操作者本人、他人及设备、设施造成重大危害，容易导致人身伤亡事故。加强建筑施工特种作业人员的专业培训教育，提高其技能水平，对于防止和减少生产安全事故，保障建筑施工安全生产具有重大意义。

本书编写人员主要依据《建筑施工特种作业人员管理规定》（建质〔2008〕75号）、《关于建筑施工特种作业人员考核工作的实施意见》（建办质〔2008〕41号），按照建筑施工特种作业人员分类和《建筑施工特种作业人员安全技术考核大纲》（试行），根据住房城乡建设部公告2021年第214号《房屋建筑和市政基础设施工程危及生产安全施工工艺、设备和材料淘汰目录（第一批）》的规定，以及建筑施工特种设备实际使用情况，遵循符合实际、注重实效的原则，编写了10本系列教材。其中，《特种作业安全生产基本知识》是综合性教材，适用于所有的建筑施工特种作业人员；其余9本为专业性用书，分别适用于建筑电工、普通脚手架架子工、附着式升降脚手架架子工、建筑起重司索信号工、塔式起重机司机、施工升降机司机、塔式起重机安装拆卸工、施工升降机安装拆卸工、高处作业吊篮安装拆卸工。

本系列教材主要用于建筑施工特种作业人员的业务培训和指导考核，也可作为专业院校和有关培训机构的建筑施工安全教学用书。本书虽经反复推敲，仍难免有不妥之处，敬请广大读者提出宝贵意见。

本系列教材主编单位： 黑龙江省建设安全协会
本系列教材参编单位： 中建三局集团有限公司
中建铁路投资建设集团有限公司
中建铁投轨道交通建设有限公司
中建铁投科技工程有限公司
中建六局水利水电建设集团有限公司
中国建筑第八工程局有限公司
黑龙江省黑建一建筑工程有限责任公司
哈尔滨哈飞建筑安装工程有限责任公司
华润置地（哈尔滨）房地产开发有限公司
哈尔滨万科企业有限公司
深圳（哈尔滨）产业园投资开发有限公司
黑龙江中阳建设工程监理有限公司

编审委员会
2023 年 4 月

前　　言

为提高建筑施工特种作业人员安全生产知识水平，增强安全生产意识和自我保护能力，确保取得“建筑施工特种作业操作资格证书”的人员具备独立从事相应特种作业工作能力，本书编写团队根据《特种作业人员安全技术培训教材编写方案》的要求编写了《塔式起重机安装拆卸工》一书。

塔式起重机安装拆卸工是建筑施工特种作业中的一个重要工种，工人如操作失误，容易对本人、他人及设备、设施造成重大危害。因此，结合其工作的特殊性，本书编写团队在编写本教材时，充分研究了建筑施工特种作业人员的岗位责任、文化水平、理解能力和接受能力，本着深入浅出、图文并茂、指导实践的原则，突出了专业性、针对性、时效性、实用性和知识性。本书分为上篇专业技术理论和下篇安全操作技能两部分，内容包括塔式起重机概述，塔式起重机的安装、顶升、附着和拆卸，塔式起重机的维护与保养的基本知识，塔式起重机的调试和常见故障的判断与处置，塔式起重机安装、拆卸常见事故原因及处置方法，掌握塔式起重机安装、拆卸前的检查和准备，塔式起重机安装、拆卸的程序、方法和注意事项，掌握紧急情况处置方法，共 8 章内容。

由于编写时间仓促，编者水平有限，书中难免存在疏漏和不足，敬请读者予以指正。

编　者

2023 年 4 月

目　　录

上篇　专业技术理论

下篇　安全操作技能

上　篇

专业技术理论

第一章　塔式起重机概述

第一节　塔式起重机的发展概况

塔式起重机（简称塔机，也称塔吊）起源于欧洲，在建筑施工中具有适用范围广、起升高度高、操作简便等特点，在我国工程建设中得到广泛使用，尤其是对于高层或超高层建筑施工来说，更是一种不可缺少的重要施工机械。此外，在电站、水利、港口和造船的施工作业中也常有应用。

一、国外塔式起重机发展概况

数据表明，1900 年第一项有关建筑用塔式起重机专利诞生；1905 年出现了塔身固定的装有臂架的原始塔式起重机；1923 年制成了第一台较完整的近代塔式起重机；1930 年德国开始批量生产塔式起重机并用于建筑施工；1941 年有关塔式起重机的德国工业标准 DIN 8670 颁布实施，首次正式规定以吊载（t）和起吊幅度（m）的乘积（$t \cdot m$）——起重力矩表示塔式起重机的起重能力；1945 年第二次世界大战结束后，随着战后重建和经济的发展，塔式起重机在西方工业化国家高速发展，先后涌现出起重能力在 100kN · m 以下的快装式塔式起重机雏形，采用大尺寸回转支承（滚珠转盘）、水母底架、塔身可以伸缩、小车变幅水平臂架的下回转折叠式整体拖运快装式塔式起重机。此后，又逐渐发展为目前广泛应用的轨道式、固定式、附着式和内爬式塔式起重机；1980 年初，额定起重能力达到10万kN·m，最大起吊幅度100m，臂端起重量94.5t的超重型塔式起重机面世。在该超重型塔式起重机的转台上，还可安装着一台起重能力为4000kN·m，最大幅度为40m，相应起重量为10t，最大起重量为80t的辅助作业用塔式起重机。

进入20世纪80年代以后，由于西方发达国家和中东石油国家的建筑业趋向衰落，国外塔式起重机行业进入不景气状态，处于低谷时期。为了摆脱困境，增强企业竞争实力，国外塔式起重机行业联合与兼并盛行，就生产业绩和生产实力而言，仍以法国POTAIN与BPR联合组成的集团及德国的LIEBHERR最强，LIEBHERR自行生产配套电动机和减速器，并在新加坡、日本、澳大利亚等国家设有分支机构。据称由其生产的塔式起重机是首家满足ISO9002各项要求的塔式起重机。目前，国外著名塔式起重机厂家生产的塔式起重机型号多达600余种，拥有塔式起重机最多的国家是德国和俄罗斯。

二、我国塔式起重机发展状况

我国塔式起重机行业从20世纪50年代初期开始起步。1953年由民主德国引进“建筑师-Ⅰ型”塔式起重机；1954年在抚顺成功试制第一台仿“建筑-Ⅰ型”的QT2-6塔式起重机；1959年在北京成功试制第一台下回转折叠式塔式起重机的原型号样机，经改进后定名为“红旗Ⅱ-16型”塔式起重机；1962年，以QT2-6改装而成的小车变幅水平臂架内爬式塔式起重机在北京高层建筑施工中的应用获得成功；1972年，第一台轻型轮胎式塔、动两用起重机问世，该机用作下回塔转机时，额定起重力矩为100kN·m，用作动臂吊时，主钩最大起重量为5t；1973年，第一台自行设计制造的起重能力为1600kN·m的QT_4-10型自升式塔式起重机在北京成功投入使用，该机的改进机型有QT_4-10A、QT200，标志着我国塔式起重机的研发和生产进入了快速发展时期，众多的新型塔式起重机相继问世；1974 年以 QT3-8 塔式起重机为原型样机改造而成的上回转动臂式 QT60/80 塔式起重机在北京开始批量生产，由于该机的设计文件全国共享，多个厂家相继投产，产量猛增，曾一度成为我国中高层建筑施工主体塔式起重机之一；20 世纪 70 年代，我国先后开发了 ZT100、ZT120、Z80 等小车变幅自升式塔式起重机，QT_4-4/20 小车变幅内爬式塔式起重机，QTL16、QT45、QT40、TD25、QTG40、QTG60 等下回转动臂自行架设快装塔式起重机。20 世纪 80 年代，相继涌现的新产品有 QT80A、QTZ100、QTZ120 等自升式塔式起重机，QT60、QTK60、QT25HK 等下回转快装塔式起重机和 QT90 上回转动臂下顶升接高塔式起重机。

到了 20 世纪 80 年代，随着改革开放和国际技术交流增多，我国先后从原联邦德国、法国、意大利和丹麦引进了一定数量的塔式起重机产品，特别是 1984 年从法国 POTAIN 公司引进 H3/36B、FO/23B 和 GTMR360B 3 种机型的生产许可证。我国通过消化吸收国外先进技术，极大地促进了我国塔式起重机产品设计制造的进步，对基础部件如电动机、电器、回转支承、传动机构及安全装置等进行定点生产，一些主机生产厂还进行了相应的技术改造，从而使国产塔式起重机的产品质量迅速提高。多家主要塔式起重机生产厂的产品已达到或接近国外同类产品的质量水平。

进入 20 世纪 90 年代以后，我国塔式起重机行业随着建筑行业的发展和 15 个塔式起重机技术条件、技术标准和设计规范的颁布实施，塔式起重机产量猛增。国家对塔式起重机的生产企业实行了生产许可和制造监督检验制度，进行规范管理，使塔式起重机研发水平和产品质量又有了新的提升。2011 年，由中联重科与中铁大桥局联合研制的世界最大水平臂上回转 D5200-240 塔式起重机顺利下线，最大起重量达 240t，是目前全球起重能力最强的塔式起重机，多项技术世界领先。

中联重科建筑起重机械涵盖平头塔式起重机、锤头塔式起重机、动臂塔式起重机，其中包括吉尼斯世界纪录的最大平头塔式起重机和世界最长臂架塔式起重机（110m），以及超大型系列D5200、D2500、D1500塔式起重机。优良的性能、广泛的应用，使得中联重科建筑起重产品销售收入、市场占有率、出口等主要经济指标均居行业前列，产品远销美国、阿联酋、印度等近百个国家和地区，参建了港珠澳大桥、科威特国际机场、哈萨克斯坦世博会建筑等多项世界级项目工程。从生产规模、应用范围和拥有量等多角度来衡量，我国均堪称塔式起重机大国。

第二节　了解塔式起重机的分类

塔式起重机的分类方式有很多种，可按塔式起重机架设方式、变幅方式、臂架机构形式及回转方式等进行分类。

一、按架设方式分类

塔式起重机按架设方式分为快装式塔式起重机和非快装式塔式起重机。

（一）非快装式塔式起重机

如图1-2-1（a）～（e）所示，非快装式塔式起重机拆装比较方便，便于转场运输，起吊高度和工作幅度相比自行架设塔式起重机有很大提高。

（二）快装式塔式起重机

如图1-2-1（f）所示，快装式塔式起重机有专用的拖行和架设装置，可以实现整体拖运；到工地后又可以很快地架设起来。这种塔式起重机最大的优点是转移工地方便，灵活机动。但整体拖运塔式起重机会受到很多的限制，若其体积过大过长，则会限制塔式起重机的进场；另外，其工作参数受限很大，起吊高度和工作幅度都不会很大。

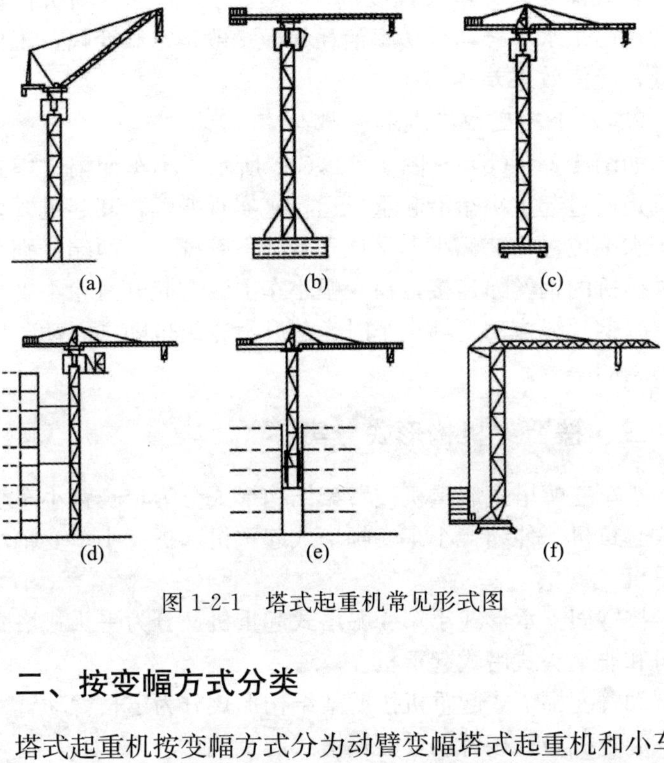

图 1-2-1　塔式起重机常见形式图

二、按变幅方式分类

塔式起重机按变幅方式分为动臂变幅塔式起重机和小车变幅塔式起重机。小车变幅塔式起重机按臂架小车轨道与水平面的夹角大小分为水平臂小车变幅塔式起重机和倾斜臂小车变幅塔式起重机。

（一）动臂变幅塔式起重机

如图 1-2-1（a）所示，动臂变幅塔式起重机是通过改变起重臂的仰角运行进行变幅的，幅度的改变是利用变幅卷扬机和变幅滑轮组系统来实现的。其优点是：起重臂中心受压（压杆式）、受力状态好、臂架结构简单、结构断面小、自重较轻、拼装比较方便。当塔身高度一定时，与其他类型的塔式起重机相比，具有起升高度较高的优势，但臂架的仰角受到一定的限制，有效幅度只有最大幅度的70%左右，而且变幅机构功率较大，吊重水平移动时功率消耗大，一般是空载变幅，工作效率低，经济效果差。

（二）小车变幅塔式起重机

如图1-2-1（b）～图1-2-1（e）所示，小车变幅式塔式起重机是通过起重小车沿起重机运行来实现变幅，其起重臂始终处于水平位置，变幅小车悬挂于臂架下弦杆上，两端分别与变幅卷扬机的钢丝绳连接，在变幅小车上装有起升滑轮组，当收放变幅钢丝绳拖动变幅小车时，起升滑轮组也随之而动，以改变吊钩的幅度。

三、按臂架机构形式分类

小车变幅塔式起重机按臂架结构形式分为定长臂小车变幅塔式起重机、伸缩臂小车变幅塔式起重机和折臂小车变幅塔式起重机。

按臂架支承形式小车变幅塔式起重机又分为平头式塔式起重机和非平头式塔式起重机。

动臂变幅塔式起重机按臂架结构形式分为定长臂动臂变幅塔式起重机与铰接臂动臂变幅塔式起重机。

四、按回转方式分类

塔式起重机按回转方式分为上回转塔式起重机和下回转塔式起重机。

（一）上回转塔式起重机

如图1-2-1（a）～图1-2-1（d）所示，上回转式塔式起重机的塔身不回转，回转部分装在上部。上回转式塔式起重机的特点是：底部轮廓尺寸小，对建筑场地空间要求较小，不影响建筑材料堆场的使用。由于塔身不转，回转时转动惯量较小，起重能力较大，起升高度比较高，可增加附着力，能适用多种形式建筑物的施工需要。

（二）下回转塔式起重机

如图 1-2-1（f）所示，下回转式塔式起重机塔身机构比较轻便，回转机构装设于下部，塔身可以转动，一般采用整体托运、自行架设方式，拆装容易、转场快。但塔式起重机的底部转台和平衡臂的尺度较大，并要保证塔式起重机与建筑物之间至少 500mm 的安全距离。

五、按基础特征分类

组装式塔式起重机按基础特征分为轨道运行塔式起重机和固定塔式起重机。固定塔式起重机又分为固定底架压重塔式起重机和固定基础塔式起重机。自行架设塔式起重机按基础特征分为轨道运行塔式起重机和固定式塔式起重机。

（一）轨道运行塔式起重机

如图 1-2-1（a）～图 1-2-1（d）所示，轨道运行塔式起重机底架可在敷设的行走装置（台车、轮胎、履带）上行走，可负载行驶，适用范围较广，但需要一个构造复杂的行走机构，造价较高且受到塔身刚度和稳定性的影响，轨道运行塔式起重机的速度也有所限制。

（二）固定塔式起重机

如图 1-2-1（b）～图 1-2-1（e）所示，固定塔式起重机塔身固定不转，安装在整体混凝土基础上，或装设在条形或 X 形混凝土基础上，即可用作内爬式塔式起重机，也可用作附着式塔式起重机，适用于高层建筑施工。

六、爬升式塔式起重机按爬升特征分类

爬升式塔式起重机按爬升特征分为内爬式塔式起重机和外

爬式塔式起重机。

（一）内爬式塔式起重机

如图 1-2-1（e）所示，内爬式塔式起重机可安装在建筑物的内部，通过一套爬升机构，使整机随着建筑物的高度增加而升高，其结构和普通上回转塔式起重机基本相同，只增加了一套爬升框和爬升机构。其优点是：内爬式塔式起重机安装在建筑物的内部，不占用建筑物外围空间，其幅度可设计制造得小一些，起重能力相对大一些，利用建筑物向上爬升，爬升高度不受限制，塔身可以做得较短，结构较轻，造价较低。其缺点是：司机在吊装时不能直接看到起吊过程，操作不便；施工结束后，先利用屋面起重机或其他辅助起重设备将塔式起重机在建筑物顶上解体，再一件一件地从顶部吊到地面上，比较费工费时。

（二）外爬式塔式起重机

如图 1-2-1（d）所示，外爬式塔式起重机一般安装在建筑物的一侧，底座固定在基础上，沿着塔身全高按一定的间隔距离设置若干附着装置，使塔身依附在建筑物上，将塔身和建筑物连在一起，提高了塔身的承载能力。

七、组装式塔式起重机按中部结构特征分类

组装式塔式起重机按中部结构特征分为爬升式塔式起重机和定置式塔式起重机。

（一）爬升式塔式起重机

爬升式塔式起重机分为内爬式塔式起重机和外爬式塔式起重机。

（二）定置式塔式起重机

定置式塔式起重机又称固定式塔式起重机。

八、自行架设塔式起重机按转场运输方式分类

自行架设塔式起重机按转场运输方式分为车载式和拖行式，目前使用较少。

第三节　掌握塔式起重机的基本技术参数

一、塔式起重机的型号

塔式起重机的型号分类及表示方法见表 1-3-1。

表 1-3-1　塔式起重机的型号分类及表示方法

<table>
<tr><th rowspan="2">类</th><th rowspan="2">组</th><th rowspan="2">特征代号</th><th rowspan="2">代号含义</th><th colspan="2">主要参数</th></tr>
<tr><th>名称</th><th>单位表示</th></tr>
<tr><td rowspan="7">建筑起重机</td><td rowspan="7">塔式起重机
Q（起）、T（塔）</td><td>—</td><td>上回转塔式起重机</td><td rowspan="7">额定起重力矩</td><td rowspan="7">kN·m
$\times 10^{-1}$
（t·m）</td></tr>
<tr><td>Z（自）</td><td>上回转自升式塔式起重机</td></tr>
<tr><td>X（下）</td><td>下回转式塔式起重机</td></tr>
<tr><td>K（快）</td><td>快速安装式塔式起重机</td></tr>
<tr><td>轮胎式 L（轮）</td><td>轮胎式塔式起重机</td></tr>
<tr><td>汽车式 Q（汽）</td><td>汽车式塔式起重机</td></tr>
<tr><td>履带式 U（履）</td><td>履带式塔式起重机</td></tr>
</table>

二、塔式起重机的规格型号标记

目前市场上的塔式起重机标记主要是以塔式起重机主参数或其他参数标记，可分三类。

（1）根据现行《建筑机械与设备产品分类及型号》（JGT 5093）的规定，见表 1-3-1，塔式起重机的型号组成如下。以 QTZ80A 为例：

Q：起重机；

T：塔式起重机；

Z：特征代号（Z 代表自升式，G 代表固定式，K 代表快装式，X 代表下回转式）；

80：最大起重力矩 800kN·m×10^{-1}（80kN ·m）；

A：设计序列号。

（2）现在有大部分塔式起重机生产厂家根据国外标准，用塔式起重机最大臂长（m）与臂端（最大幅度）处所能吊起的额定质量［kN 或额定质量（t）］两个主参数来标记塔式起重机的型号。如某厂家生产的 TC5510 其含义：

T：塔的英文第一个字母（Tower）；

C：起重机英文第二个字母（Crane）；

55：最大臂长 55m；

10：臂端额定起重量 10kN（1.0t）。

（3）还有部分厂家是自定义标记。如 C7072 表示四川建机生产的自升塔吊，70 表示臂长最大为 70m，27 表示臂端荷载为 2.7t。

三、塔式起重机的基本技术参数

塔式起重机的基本技术参数包括主参数和基本参数。

（一）塔式起重机的主参数

塔式起重机的主参数是额定起重力矩。

（1）所谓额定起重力矩：与基本臂最大幅度相同或相近的臂长组合状态，基本臂最大幅度与相应额定起重量的乘积（kN·m），通常用塔式起重机起重特性曲线和塔式起重机起重特性等方式表示。表 1-3-2 为 TC5013 型塔式起重机起重特性表。

起重力矩单位标示：（kN·m）×10^{-1}＝（t·m），目前各厂家的标示习惯使用“t·m”。

表 1-3-2 TC5013 型塔式起重机起重特性

幅度（m）		2～13.72	14	14.48	16	17	18	19
吊重（t）	2 绳	3	3	3	3	3	3	3
	4 绳	6	5.865	5.646	5.046	4.712	4.417	4154

幅度（m）		20	21	22	23	25	25.23	26	26.67
吊重（t）	2 绳	3	3	3	3	3	3	2.897	2.812
	4 绳	3.918	3.706	3.514	3.339	3.032			

幅度（m）		27	28	29	30	32	33	34	35
吊重（t）	2 绳 4 绳	2.772	2.656	2.549	2.449	2.268	2.186	2.108	2.036

幅度（m）		36	37	38	39	41	42	43	44
吊重（t）	2 绳 4 绳	1.967	1.902	1.841	1.783	1.676	1.626	1.578	1.533

幅度（m）		45	46	47	48	50			
吊重（t）	2 绳 4 绳	1.490	1.449	1.371	1.371	1.300			

（2）额定起重力矩是塔式起重机工作能力的最重要参数，它是塔式起重机工作时保持塔式起重机稳定性的控制值。塔式起重机的起重量随着幅度的增加而相应递减，因此，在各种幅度时都有额定的起重量，不同幅度和相应的起重量绘制成起重特性曲线图，使操作人员明白在不同幅度下的额定起重量，防止超载。一般情况下，塔式起重机可以根据需要安装不同的臂长，每一种臂长的起重臂都有其特定的起重曲线，比如 QTZ63、TC5013 和 TC5510 等都属于 630kN·m 塔式起重机，由于其工作幅度不同，故其起重性能曲线图是有差别的。

（二）塔式起重机的基本参数

塔式起重机的基本参数包括最大起重力矩、起升高度、独立高度、工作速度、幅度、起重机质量、轨距、轴距及尾部尺寸等，见表 1-3-3。

表 1-3-3　塔式起重机基本参数及定义（据现行标准 GB/T 5031）

技术参数	定义
最大起重力矩	最大额定起重量重力与其在设计确定的各种组合臂长中所能达到的最大工作幅度的乘积
起升高度	塔式起重机运行或固定独立状态时，空载、塔身处于最大高度、吊钩处于最小幅度外，吊钩支承面对塔式起重机基准面的允许最大垂直距离
独立高度	塔式起重机在没有附着的情况下塔身处于最大高度时，吊钩支承面对塔式起重机支承面的最大垂直距离
起升速度	起吊各稳定运行速度挡对应的最大额定起重量，吊钩上升过程中稳定运动状态下的上升速度
小车变幅速度	对小车变幅塔式起重机，起吊最大幅度时的额定起重量、风速小于 3m/s 时，小车稳定运行的速度
全程变幅时间	对动臂变幅塔式起重机，起吊最大幅度时的额定起重量、风速小于 3m/s 时，臂架仰角从最小角度到最大角度所需要的时间
回转速度	塔式起重机在最大额定起重力矩荷载状态、风速小于 3m/s、吊钩位于最大高度时的稳定回转速度
慢降速度	起升滑轮组为最小倍率，吊载该倍率允许的最大额定起重量，吊钩稳定下降时的最低速度
运行速度	空载、风速小于 3m/s，起重臂平行于轨道方向时塔式起重机稳定运行的速度
幅度	塔式起重机空载时，塔式起重机回转中心线至吊钩中心重直线的水平距离，作为基本参数之一的幅度，又包括最大幅度和最小幅度。在采用小车变幅的情况下，最大幅度指小车行至臂架头部端点位置时，塔式起重机回转中心线至吊钩中心垂直线的水平距离，当小车处于臂架根部端点位置时，幅度为最小；在采用俯仰变幅臂架的情况下，最大幅度就是当动臂处于接近水平或与水平夹角为 13°时，从塔式起重机回转中心至吊钩中心垂直线的水平距离。当动臂仰角达到最大（65°～73°）时，幅度为最小
轴距	同一侧行走轮的轴心线或一组行走轮中心线之间的距离

续表

技术参数	定义
轮距	同轴心线左右两个行走轮或左右两侧行走轮组、轮胎或轮胎组中心径向平面间的距离
尾部尺寸	下回转起重机的尾部尺寸是由回转中心至转台尾部（包括压重块）的最大回转半径。上回转起重机的尾部尺寸是由回转中心线至平衡臂尾部（包括平衡重）的最大回转半径
起重机质量	包括平衡重质量、压重质量和整机质量

第四节　掌握塔式起重机的基本构造和工作原理

塔式起重机的基本构造包括基础、钢结构、工作机构等几部分。

一、基础

塔式起重机的基础形式应根据工程地质、荷载大小与塔式起重机稳定性要求、现场条件、技术经济指标，并结合制造商提供的塔式起重机使用说明书的要求确定。

混凝土基础用于安装固定塔式起重机，保证塔式起重机正常使用且传递其各种作用到地基的混凝土结构。基础的尺寸应满足塔式起重机工作状态和非工作状态稳定性以及地基承载能力的要求。

基础的种类分为一次性使用的现浇混凝土基础、多次重复使用的拼装式基础、桩基础和钢格构柱承台式钢筋混凝土基础等。

（一）现浇混凝土基础

常见的现浇混凝土基础形式有方形整板基础，如图 1-4-1（a）所示；十字形基础，如图 1-4-1（b）所示。

方形整板基础与地基接触面积大，稳定性好，缺点是钢筋和混凝土的用量较大。

十字形基础是由长度和截面相同的两条相互垂直等分且节点加腋的混凝土条形基础组成的基础。

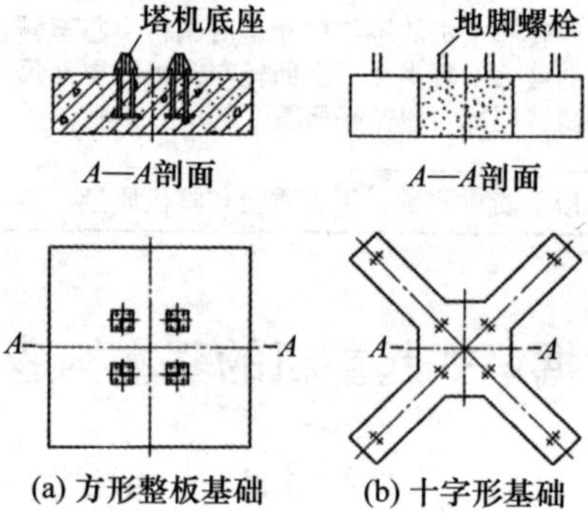

图 1-4-1　常见的现浇混凝土基础形式

（二）桩基础

桩基础主要是在当地基为软弱土层，采用浅基础不能满足塔式起重机对地基承载力和变形的要求时采用，钢筋混凝土结构承台座在基桩上面，如图 1-4-2 所示。

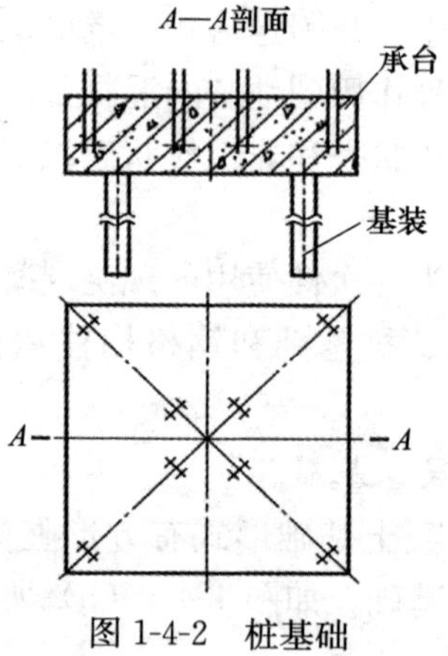

图 1-4-2　桩基础

（三）组合式基础

组合式基础是由若干格构式钢柱或钢管柱与其下端连接的基桩以及上端连接的混凝土承台或型钢平台组成的基础。

组合式基础如图 1-4-3 所示，现场基坑开挖前，在基础位置打入 4 根混凝土灌注桩，桩顶略低于地下室底板，每根桩中插入一根钢柱，钢柱顶部制作一个混凝土结构或钢结构的平台，塔式起重机安装于这个平台上。随着施工现场建筑物基坑的开挖，在钢柱之间逐步焊接钢缀条，开挖一层地基焊接一次钢缀条，基坑开挖结束，整个格构式钢平台的焊接工作完成，使其成为一个完整的格构式钢架。塔式起重机拆除后，将这钢架破坏性地拆除。

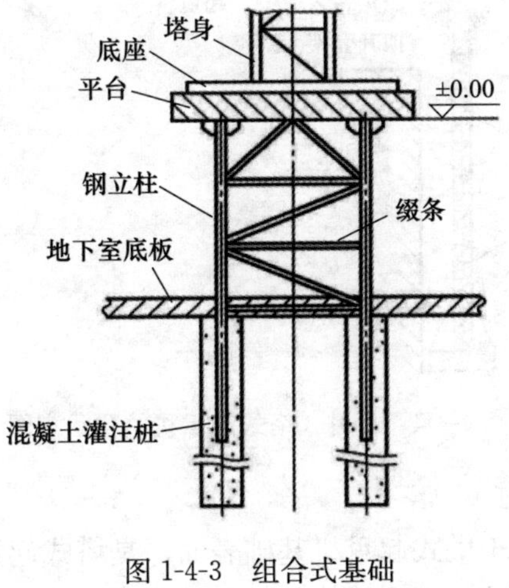

图 1-4-3　组合式基础

这种基础的优点是塔式起重机可在建筑物基坑开挖前安装，避免了深基坑塔式起重机基础施工的困难。

（四）拼装式混凝土基础

拼装式基础由若干块混凝土预制构件组成，可以多次重复使用。塔式起重机安装前用吊车把拼装基础的各构件吊装到位，构件之间用钢绞索经张拉连接成整体。由于预制构件是工厂化制作生产，基础的安装速度快、周期短，一般适用于轻型、中型塔式起重机。

二、钢结构

塔式起重机的钢结构件主要由底座、塔身基础节、塔身标准节、回转平台、回转过渡节、塔顶、起重臂、平衡臂、拉杆、司机室、顶升套架、附着装置组成，如图 1-4-4 所示。

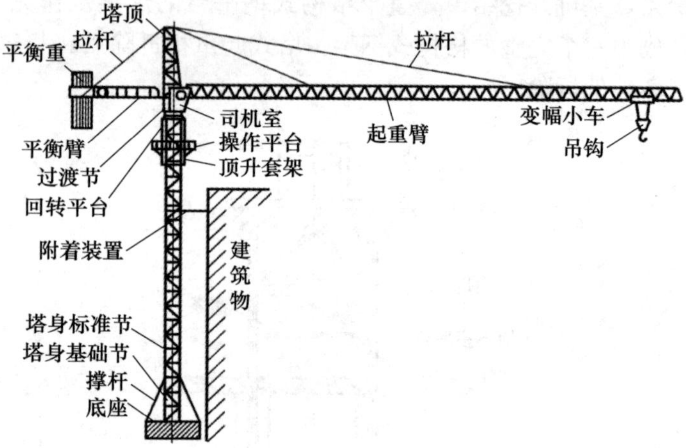

图 1-4-4　自升式塔式起重机结构示意图

（一）底座

底座安装于塔式起重机基础表面，是塔式起重机最底部的结构，利用基础地脚螺栓将其与基础连为一体。常见的底座形式有十字梁形、独立底座形、井字形等，如图 1-4-5 所示。

（二）基础节

基础节是塔式起重机塔身和基础相连接的一节，有些塔式起重机不采用基础节，标准节直接安装在底座上。

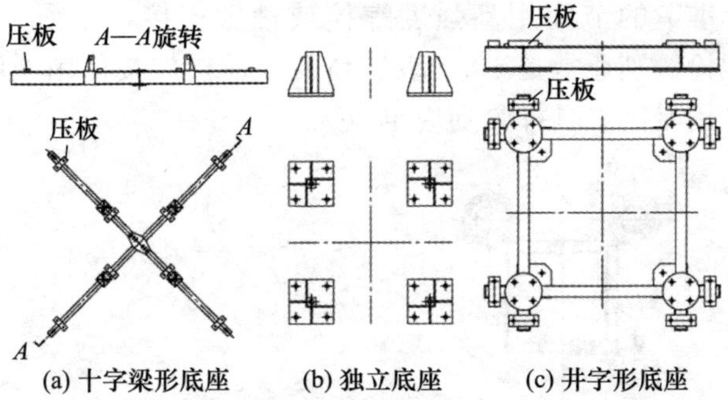

图 1-4-5　常见的塔式起重机底座形式

（三）塔身标准节

标准节是塔身的主体部分。如图 1-4-6 所示。标准节有两种形式，一种是焊接成整体的形式，如图 1-4-6（a）所示；另一种是将标准节焊接成 4 片，在安装时用高强螺栓将其连接成整体，如图 1-4-6（b）所示。

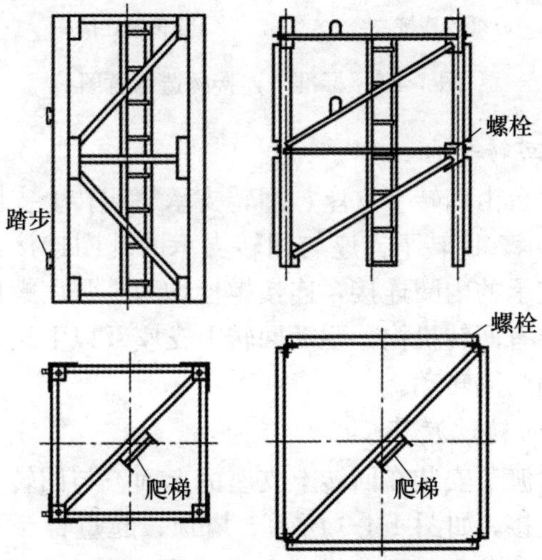

图 1-4-6　塔身标准节

标准节的节间用高强度螺栓或销轴连接，如图 1-4-7 所示。螺栓级别通常是 10.9 级。高强度螺栓应按使用说明书要求，采用专用工具拧紧到规定力矩。

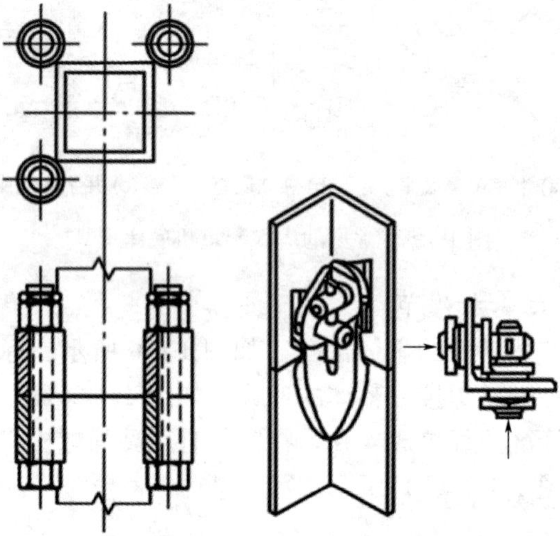

(a) 螺栓连接　　(b) 销轴连接

图 1-4-7　标准节连接构造示意图

（四）回转平台

回转平台由回转下支座、回转支承、回转上支座组成，如图 1-4-8 所示。回转下支座与回转支承的外圈连接，回转上支座与回转支承的内圈连接，连接螺栓均为高强度螺栓。回转上支座上安装有回转机构，驱动回转上支座及以上结构部分随着回转支承的内圈转动。

（五）回转过渡节

回转过渡节安装在回转上支座的上面，与回转上支座用高速度螺栓连接，如图 1-4-9 所示。塔顶、起重臂、平衡臂均安装在回转过渡节上。有些塔式起重机没有独立的回转过渡节，将其与回转上支座做成一体。

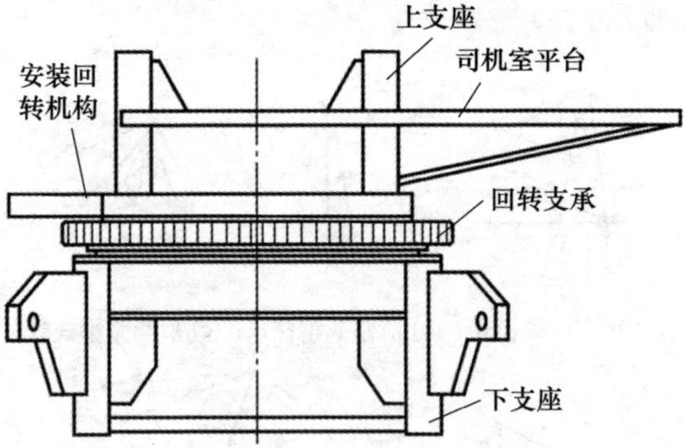

图 1-4-8　回转平台

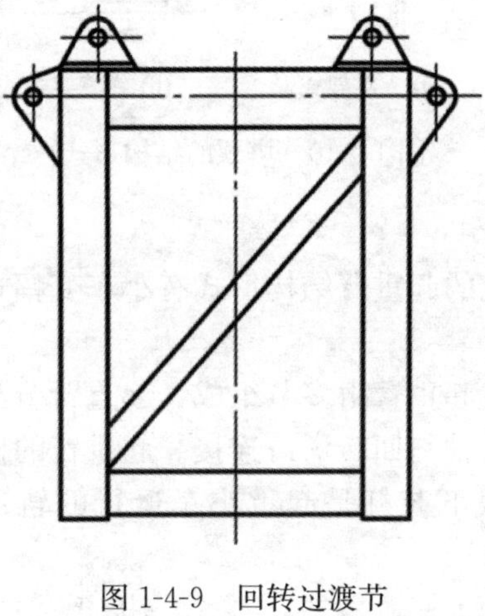

图 1-4-9　回转过渡节

（六）塔顶

塔顶的功能是承受起重臂与平衡臂拉杆传来的荷载并通过回转支承等结构部件将荷载传递给塔身，也有塔式起重机塔顶上设置主卷扬钢丝绳固定滑轮、风速仪及障碍指示灯。塔式起重机的塔帽结构形式有多种，较常用的有空间桁架式、人字架式及斜撑架式等。桁架式又分为直立式、前倾式或后倾式，如

图 1-4-10 所示。

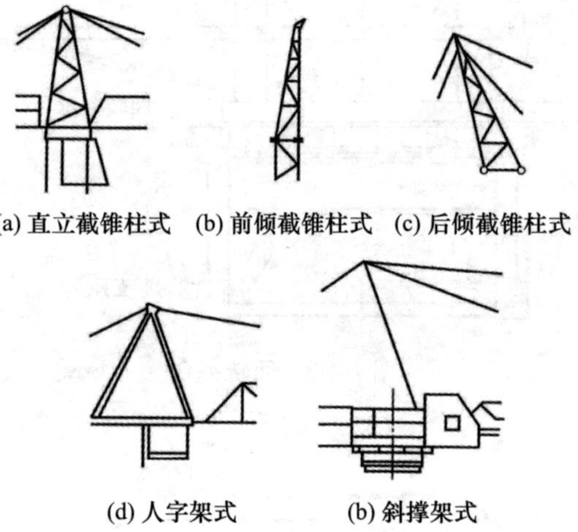

图 1-4-10　塔顶的结构形式

（七）起重臂

塔式起重机的起重臂结构形式有小车变幅式和动臂变幅式两种。

小车变幅式起重臂由多节组成，起重臂节与节之间用销轴连接，根部用销轴与回转塔身连接。起重臂的横截面一般为等腰三角形，两根下弦杆是起重小车运行的轨道，如图 1-4-11

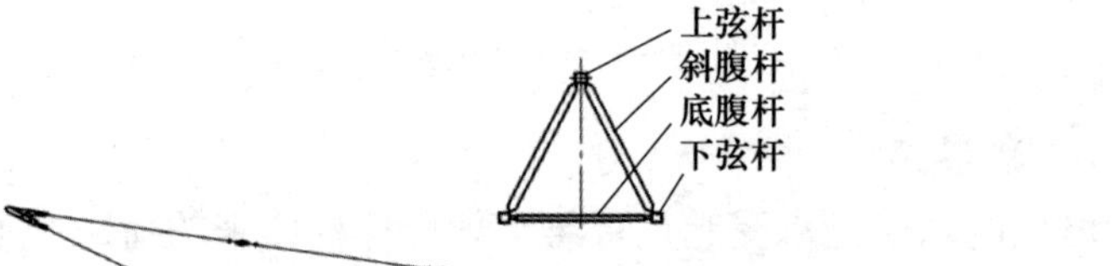

图 1-4-11　小车变幅式起重臂及拉杆

所示。起重臂上安装有变幅机构，通过收、放变幅卷筒上变幅钢丝绳的方法，拖动变幅小车向前或向后运行。

动臂式臂架如图 1-4-12 所示。臂架中间部分采用等截面平行弦杆，两端为梯形。臂架在回转平面相当于一根悬臂梁的受力情况，通常臂架制成顶部尺寸小、根部尺寸大的形式。为了便于运输、安装和拆卸，臂架中间部分可以制成若干段标准节，用螺栓连接。

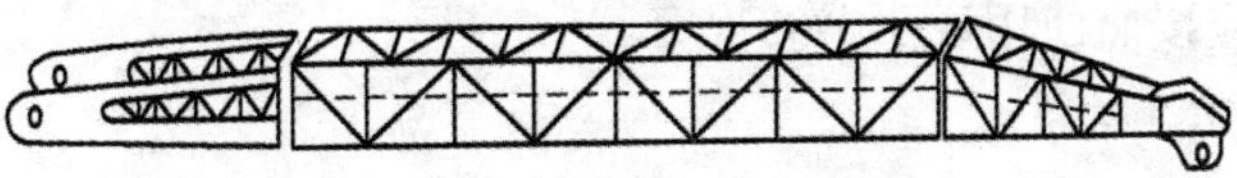

图 1-4-12　动臂变幅式起重臂

（八）平衡臂

平衡臂如图 1-4-13 所示，安装于回转过渡节的后面。

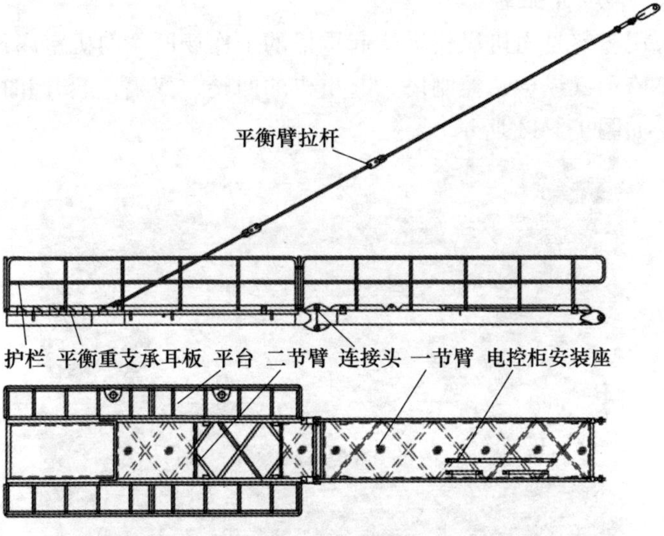

图 1-4-13　平衡臂及拉杆

平衡臂有两种形式：塔顶是塔帽式的，用两根轴销将平衡臂与回转过渡节铰接；塔顶是桅杆式的，用四根轴销将平衡臂与回转过渡节刚性连接。

塔式起重机的平衡重、起升机构、电控柜等设施都安装在平衡臂上。平衡臂上设置有专用走道，两侧安装有栏杆。

平衡重一般用钢筋混凝土或铸铁制成。平衡重的用量与平衡臂的长度成反比，与起重臂的长度成正比。平衡重的数量和规格应按照使用说明书的规定。

（九）拉杆

拉杆的作用是把起重臂、平衡臂的一端斜拉在塔顶上，分为起重臂拉杆和平衡臂拉杆。起重臂拉杆与起重臂的上弦杆用轴销连接，通常设置有前、后两根。两根平衡臂拉杆并列排列，分别拉在平衡臂两侧的弦杆上。

（十）司机室

司机室是司机操作塔式起重机的工作场所，司机室内设置有座椅和操纵台，控制塔式起重机的回转、变幅、起升和行走等，如图 1-4-14 所示。

图 1-4-14　司机室

（十一）顶升套架

上回转自升式塔式起重机有一个顶升套架。顶升套架分外套架和内套架两种。

顶升套架是一个空间桁架结构，其内侧布置数对滚轮或滑板，顶升时滚轮或滑板沿塔身的主弦杆外侧移动，起导向、支承作用。顶升套架由角钢、方形钢管或圆钢管制成，根据构造特点顶升套架又分为整体式和拼装式，根据套架的安装位置也可分为外套架和内套架。塔式起重机完成顶升过程后，顶升套架与下支座连接牢固。有些塔式起重机在完成顶升过程后，利用自身的液压顶升系统，将顶升套架落到塔身根部，其优点是可减轻风荷载对塔式起重机的不利影响，增加塔式起重机的稳定性。

顶升套架上安装有液压油缸，液压油缸的活塞杆通过顶升横梁支承在塔身标准节上。典型顶升套架如图 1-4-15 所示。

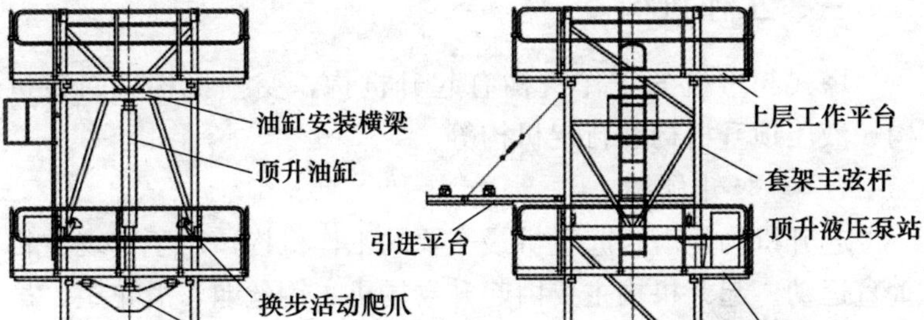

图 1-4-15　顶升套架

（十二）附着装置

附着装置如图 1-4-16 所示。当塔式起重机的使用高度超过其规定的独立状态（塔式起重机与邻近建筑物无任何连接的状态）时，需安装附着装置。附着装置的作用是将作用于塔身的弯矩、水平力和扭矩传递到建筑物上，增强塔身的抗弯、抗扭能力。

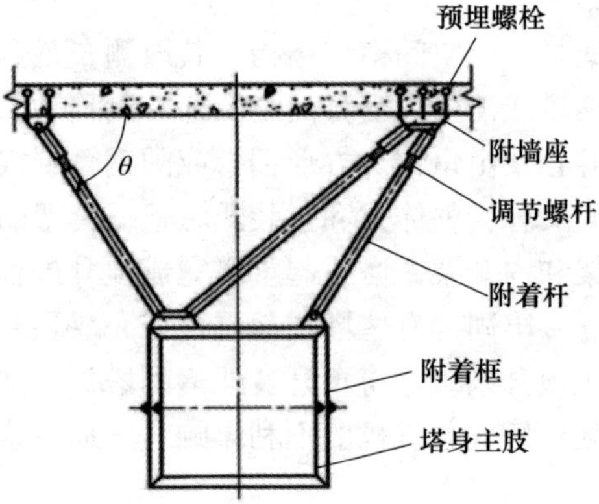

图 1-4-16　附着装置

三、工作机构

塔式起重机的工作机构有起升机构、变幅机构、回转机构、液压顶升机构和行走机构等。

（一）起升机构

起升机构是塔式起重机最主要的工作机构，用于实现重物垂直运动。起升机构主要由起升卷扬机、钢丝绳、滑轮组、吊钩等组成，如图 1-4-17 所示。

起升卷扬机由电动机、制动器、减速器、联轴器、卷筒等组成，如图 1-4-18 所示。

电机通电后通过联轴器、减速器带动卷筒转动。电机正转时，卷筒放出钢丝绳；电机反转时，卷筒收回钢丝绳，通过滑轮组及吊钩把重物提升或下降。

起升机构常采用 2 倍和 4 倍率滑轮组，通过倍率的转换来改变起升速度和起重量。倍率高起重量大，起升速度慢；倍率

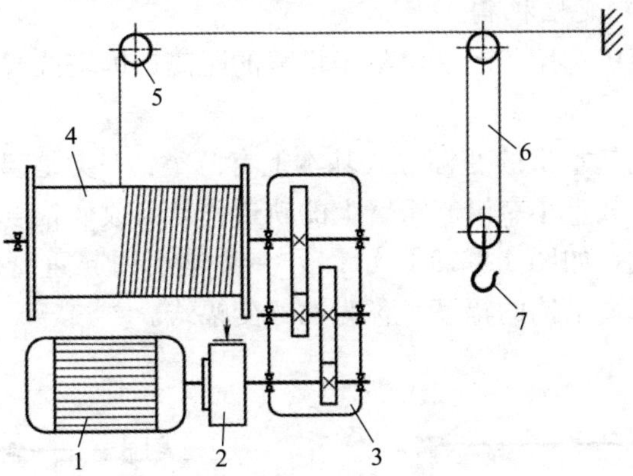

图 1-4-17　起升机构示意图

1—电动机；2—联轴器和制动器；3—减速器；4—卷筒；
5—导向滑轮；6—滑轮组；7—吊钩

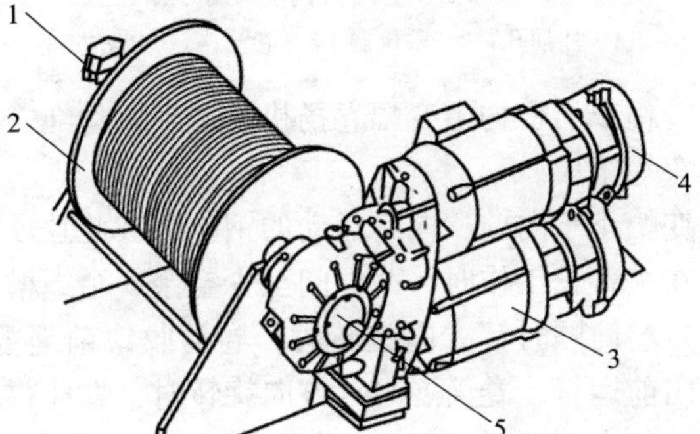

图 1-4-18　起升卷扬机示意图

1—限位器；2—卷筒；3—绕线异步电动机；4—制动器；5—减速器

低起升速度快，起重量小。为了提高工作效率，充分发挥起升电机功率的利用率，实现重载低速、轻载高速，塔式起重机的起升机构均有多种速度，调速分有级调速和无级调速两类。

（二）变幅机构

变幅机构用于改变吊物至塔身的距离，即塔式起重机的工作幅度。

塔式起重机的变幅方式基本上有两类：一类是起重臂为水平形式，载重小车沿起重臂上的轨道移动而改变幅度，称为小车变幅式，如图 1-4-19 所示；另一类是利用起重臂俯仰运动而改变臂端吊钩的幅度，称为动臂变幅式。

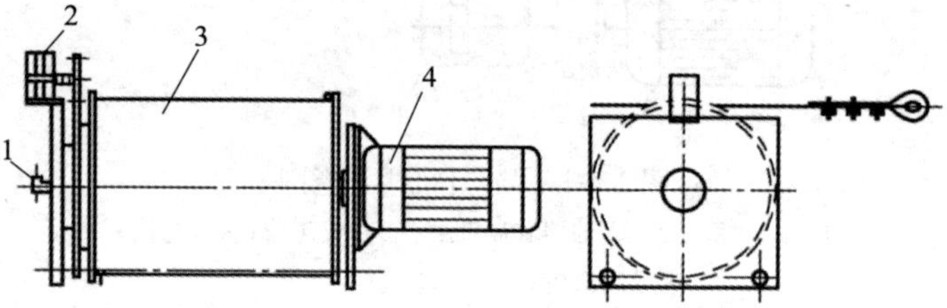

图 1-4-19　变幅机构驱动示意图

1—注油孔；2—限位器；3—卷筒；4—电动机

小车变幅牵引机构由变幅卷扬机、牵引钢丝绳、导向滑轮和变幅小车等组成。

牵引变幅小车向前、向后运动的钢丝绳彼此独立，卷筒上有绳槽，在全臂长工作时，两绳间至少空余一个绳槽。

卷扬机卷筒顺时针方向旋转时，卷筒收绕前绳放出后绳，拖动小车向前运行。卷筒逆时针方向旋转时，卷筒收绕后绳放出前绳，拖动小车向后运行。

对于最大运行速度超过 40m/min 的变幅机构，为了防止载重小车和吊重在停止时产生冲击，规定应设有慢速挡，在小车向外运行至额定起重力矩的 80%时，变速机构应自动转换为慢速运行。

变幅小车上设置小车断绳保护装置和小车防坠落装置。

（三）回转机构

塔式起重机回转机构由电动机、液力耦合器、制动器、变速箱和回转小齿轮等组成，如图 1-4-20 所示。

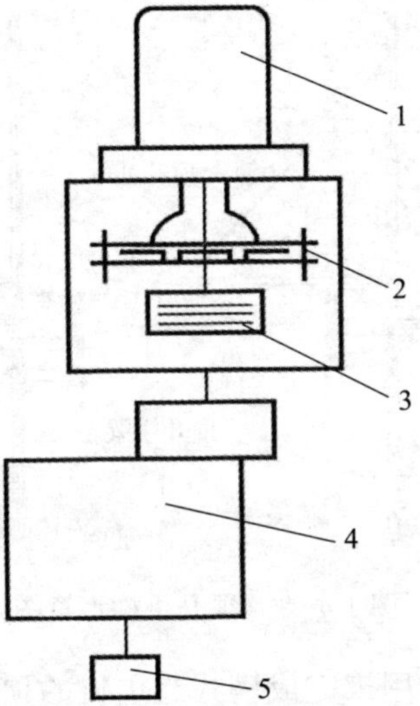

图 1-4-20　回转机构示意图

1—电动机；2—液力耦合器；3—盘式制动器；4—变速箱；5—回转小齿轮

变速箱常用的是行星齿轮变速箱。

塔式起重机回转机构具有调速和制动功能。调速系统主要有涡流制动绕线电机调速、多挡速度绕线电机调速、变频调速和电磁联轴节调速等，后两种可以实现无级调速，性能较好。

现代塔式起重机的起重臂较长，其侧向迎风面积较大，塔身所承受的风载产生很大的扭矩，甚至可能损坏塔身，所以标准规定，在非工作状态下回转机构应保证臂架自由转动。根据这一要求，塔式起重机的回转机构一般采用常开式制动器，即在非工作状态下制动器松闸，使起重臂可以随风向自由转动，臂端始终指向顺风的方向。

（四）液压顶升机构

液压顶升机构主要由顶升套架、作业平台和液压顶升装置组成，如图 1-4-21 所示。

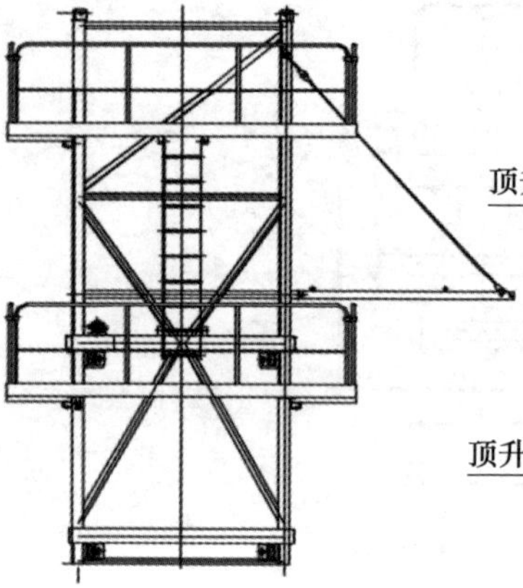

图 1-4-21　顶升机构示意图

液压顶升机构用来完成塔式起重机的顶升加节工作。能顶升加节是自升式塔式起重机的最大特点，所以它能适应不同高度的建筑物。

液压顶升机构工作原理：利用液压泵将原动机的机械能转换为液体的压力能，通过液体压力能的变化来传递能量，经过各种控制阀和管路的传递，借助于液压缸把液体压力能转换为机械能，从而驱动活塞杆伸缩实现直线往复运动。

（五）行走机构

塔式起重机行走机构的作用是驱动行走塔式起重机沿轨道行驶，配合其他机构完成垂直运输工作。行走机构是由驱动装置和支承装置组成，其中包括：电动机、减速箱、制动器、行走轮或者台车等。

第五节　塔式起重机的相关标准介绍

我国从 20 世纪 70 年代末期开始研究和制订有关塔式起重机的技术标准，并不断修改完善，对我国塔式起重机行业发展起到了重要的推动作用。

一、塔式起重机国家标准

现行的国家标准有：

(1)《塔式起重机设计规范》(GB/T 13752)

该标准规定塔式起重机设计计算应遵守的基本准则和计算方法，适用于各种形式、各种用途的电力驱动塔式起重机。

(2)《塔式起重机安全规程》(GB 5144)

该标准规定了塔式起重机在设计、制造、安装、使用、维修、检验等方面应遵守的安全技术要求，适用于各种建筑用塔式起重机。

(3)《起重机设计规范》(GB/T 3811)

该标准确立了起重机总体、结构、机械、电气与安全等部分设计应共同遵守的必要准则，规定了设计、计算要求和方法，可作为对设计进行分析和评价的技术依据。

(4)《塔式起重机》(GB/T 5031)

该标准规定了塔式起重机的术语、分类与标识、技术要求、试验方法、检验规则、信息标识、包装、运输和贮存、安装及爬升、使用检查等，为塔式起重机制造、租赁、安装、使用、检测、管理单位提供技术依据。

(5)《起重机械用电力驱动起升机构能效测试方法》(GB/T 30222)

该标准规定了电力驱动起升机构能效测试的方法。

二、塔式起重机行业标准

现行的行业标准有：

（1）《建筑施工塔式起重机安装、使用、拆卸安全技术规程》（JGJ 196）。

该标准贯彻“安全第一，预防为主，综合治理”的方针，以确保塔式起重机在安装、使用拆卸时的安全。

（2）《塔式起重机制造监督检验规则》（TSG Q7001）。

（3）《塔式起重机形式试验细则》（TSG Q7004）。

（4）《起重机械安装改造重大维修监督检验规则》（TSG Q7016）。

第二章　塔式起重机的安装、顶升、附着和拆卸

第一节　熟悉塔式起重机附着及塔式起重机稳定性知识

一、附着装置

当塔式起重机的使用高度超过其规定的独立状态（塔式起重机与邻近建筑物无任何连接的状态）时，需安装附着装置。附着装置的作用是将作用于塔身的弯矩、水平力和扭矩传递到建筑物上，增强塔身的抗弯、抗扭能力。

当塔式起重机的使用高度超过其规定的独立状态时，应按塔式起重机使用说明书的规定设置附着装置。

（一）附着装置的组成

附着装置一般由附着框、附着杆及附墙支座等组成。常见的附着装置布置方式有 3 杆方式和 4 杆方式，如图 2-1-1 所示。

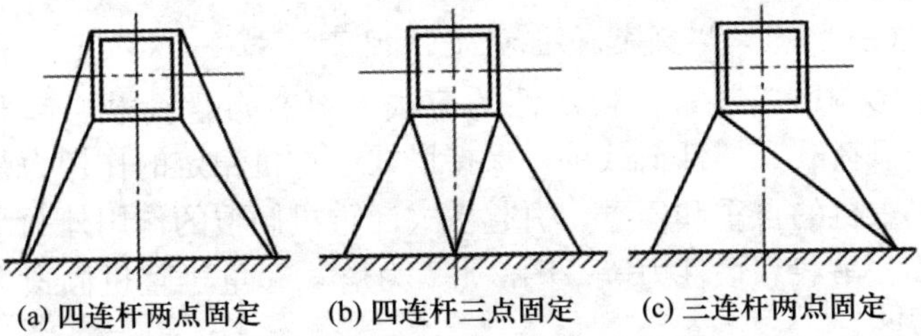

图 2-1-1　塔式起重机附着装置形式

附着框是由型钢、钢板拼焊成的箱形钢结构。附着杆是用角钢、槽钢、工字钢或方钢管及圆钢管等型钢制作。附墙支座有单销墙座和双销墙座两种。安装时用预埋螺栓或穿墙螺栓固定在建筑物的梁、柱、剪力墙上。附着框、附着杆、附墙支座应由塔式起重机生产厂家提供。

（二）附着装置的作用

附着装置的主要作用是增加塔式起重机的使用高度，保持塔式起重机的稳定性。

附着框是将附着装置对塔身的作用力均匀地传递到塔身的4根主肢上，以增加塔身的刚度和整体稳定性，附着框与塔身主肢之间应无间隙，紧密结合。

附着是将塔式起重机附着力传递到建筑物上。

附墙支座是把附着可靠地固定在建筑结构上。

附着装置受力的大小与塔式起重机的悬臂高度和两道附着装置之间垂直距离有关。附着装置安装完毕后，通过附着杆将塔式起重机附着力传递到建筑物上。对于有多道附着的塔式起重机，其最高一道附着装置以上的悬臂塔身根部将承担较大荷载，最高一道附着装置承载的荷载比例也最大。

二、塔式起重机稳定性

起重机的稳定性是指塔式起重机在自重和外荷载的作用下抵抗倾覆的能力。塔式起重机存在着整机稳定性及安装过程的稳定性问题。

（一）影响塔式起重机稳定性因素

影响塔式起重机稳定性的荷载主要有自重荷载、起升荷载、风荷载和惯性荷载等。保持塔式起重机稳定的作用力是塔式起重机的自重和压重；引起塔式起重机倾覆的作用外力是风荷载、吊载和惯性力等。图 2-1-2 为塔式起重机整机倾覆力矩示意图。

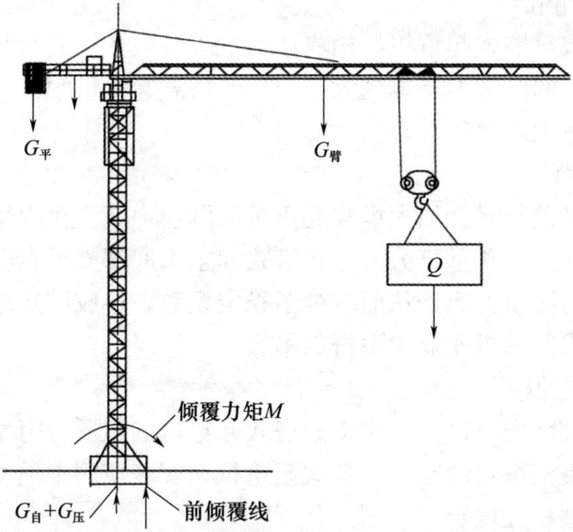

图 2-1-2　塔式起重机整机倾覆力矩示意图

（二）使用过程稳定性保证措施

1. 基础

基础不平、地耐力不够，易使塔式起重机倾覆。塔式起重机的基础应按国家现行标准和使用说明书所规定的要求进行设计和施工，施工单位应根据地质勘察报告，确认施工现场的地基承载能力。

2. 动荷载

动荷载是由运动速度的改变引起的，塔式起重机动荷载主要有惯性荷载、振动荷载及冲击荷载。操作过程中应做到平稳，避免急停、急起、急刹车。

3. 大风

风荷载不仅取决于塔式起重机塔身结构迎风面积的大小，而且与塔身的安装高度有关。严禁在塔身附加广告牌或其他标语牌，六级及以上大风天气时停止作业。

4. 超载

超载对塔式起重机结构将造成危险性破坏，同时起重量越大，产生的倾翻力矩也越大，容易使塔式起重机倾覆。塔式起重机作业中严禁超载。

5. 斜吊

斜吊重物时会加大塔式起重机的倾覆力矩。在起吊点处会产生水平分力和垂直分力，在塔式起重机底部支承点会产生一个附加的倾覆力矩，从而减少了稳定系数，造成塔式起重机倾覆。塔式起重机作业中不得斜吊。

6. 超偏

垂直度误差过大，会造成塔式起重机的倾覆力矩增大，使塔式起重机稳定性减少。塔式起重机在安装使用中垂直度误差不得超过相关规定。

7. 晃扭

塔式起重机在操作中经常采取起升、变幅、回转等多个动作同时进行，这样容易加大塔式起重机标准节的晃动性扭力。在作业中应减少多个动作同时进行。

（三）安装拆卸过程稳定性保证措施

1. 安装、拆卸顺序

在塔式起重机安装、拆卸过程中，一般都由辅助起重设备来安装或拆卸平衡臂、平衡重、起重臂。由于安装、拆卸平衡臂、平衡重、起重臂的过程中对塔身均产生不平衡力矩，所以在安装、拆卸顺序上要按照使用说明书和安装方案实施，安装、拆卸过程中不得随意改变顺序；否则，易造成塔式起重机倾覆。

2. 标准节顶升、下降过程的平衡性

利用液压机构进行塔身升降作业的塔式起重机在顶升下降油缸作业时，塔式起重机上部构造相对油缸支承点应尽可能处于平衡状态，即塔式起重机上部结构的质量及对支点的力矩是定值，只能通过调整该塔式起重机的变幅小车位置及其吊重所产生的前倾力矩来平衡。如果小车位置和吊重的质量不符合要求，会造成前、后倾力矩不平衡，增加顶升作业时的阻力。

顶升作业时，严禁塔式起重机回转作业。因为塔式起重机回转中心与顶升油缸支承点并非一点，回转后上部结构质量会对顶升油缸支承点产生侧向的倾覆力矩，严重时发生塔式起重机上部倾倒事故。

套架与塔身标准节之间设有两组滚轮，在设计范围内的不平衡力矩均可由套架滚轮以水平力形式平衡。顶升作业时，应调整滚轮与塔身标准节之间间隙，使套架两组滚轮与塔身标准节之间的间隙基本一致。

第二节　了解塔式起重机总装配图及电气控制原理知识

一、了解塔式起重机总装配图

（一）上回转小车变幅式有塔帽塔式起重机

上回转自升式小车变幅有塔帽塔式起重机构造如图 2-2-1 所示，其主要由底架、塔身标准节、顶升套架、顶升油缸、回转下支座、回转支承、回转上支座、回转塔身、平衡臂、平衡重、起升机构、电控柜、塔帽、回转机构、驾驶室、吊臂拉杆、牵引机构、起重臂、变幅小车、起重吊钩组成。

上回转塔式起重机的突出优点是塔身可以加节升高，与建筑物附着后升得更高。所以中、高层建筑主要使用上回转塔式起重机，这是目前我国建筑工地上用得最多的塔式起重机。

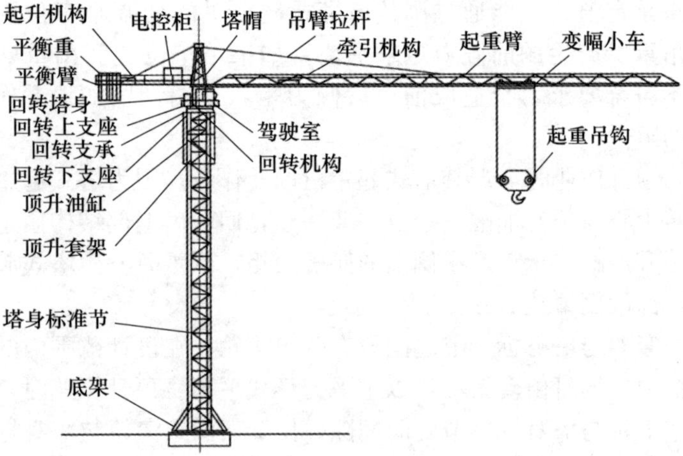

图 2-2-1　上回转塔式起重机

（二）下回转小车变幅塔式起重机

下回转小车变幅塔式起重机构造如图 2-2-2 所示，主要由底座、回转支座、平衡重、平衡臂、起升机构、电控柜、回转

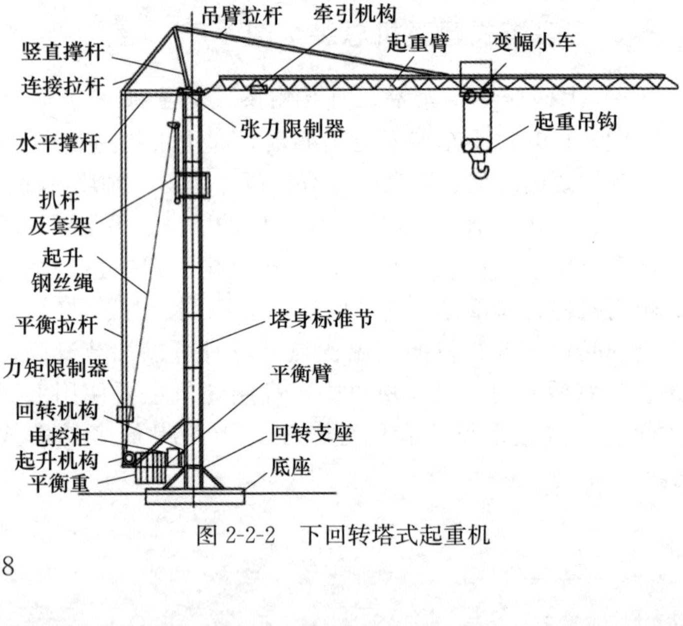

图 2-2-2　下回转塔式起重机

机构、力矩限制器、平衡拉杆、塔身标准节、起升钢丝绳、扒杆及套架、水平撑杆、连接拉杆、竖直撑杆、吊臂拉杆、牵引机构、起重臂、张力限制器、变幅小车、起重吊钩组成。

下回转塔式起重机的顶部只有起重臂、撑杆、拉杆、变幅机构，如有必要也可挂一个副驾驶室。它的平衡臂、平衡重、起升机构、回转机构、电控系统、主驾驶室都在下面，重心低，所以维保比较方便。下回转塔式起重机的缺点是不能自升和附着，工作高度要低于上回转自升式塔式起重机。下回转塔式起重机只适合低层建筑施工。

（三）动臂变幅塔式起重机

动臂变幅塔式起重机构造如图 2-2-3 所示，主要由底架、行走台车、回转支承、回转平台、平衡重、下塔身套架、内塔

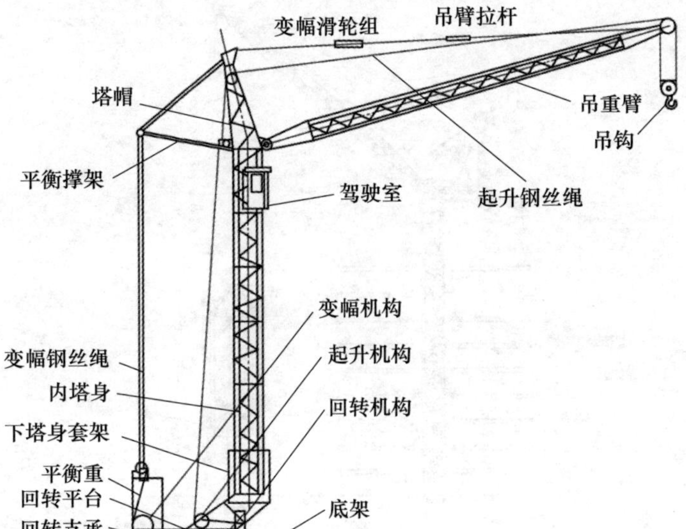

图 2-2-3　动臂变幅塔式起重机

身、变幅钢丝绳、平衡撑架、塔帽、变幅滑轮组、吊臂拉杆、吊重臂、吊钩、起升钢丝绳、驾驶室、变幅机构、起升机构、回转机构组成。

动臂变幅塔式起重机的臂架是一根桁架式的受压柱，一般为矩形截面，下端铰接在回转塔身顶部，上端用拉索连接塔帽或撑杆。它的变幅靠改变臂架仰角实现。当动臂变幅时，臂架和重物都要上下移动。国内动臂变幅塔式起重机用得不多，但在欧美、东南亚等地区用得不少。

（四）内爬式动臂塔式起重机

内爬式动臂塔式起重机构造如图 2-2-4 所示，主要由固定基础、爬升梁、爬梯、楼板、标准节、回转支承、驾驶室、起重臂、吊钩、拉杆、桅杆平台、起升机构、平衡臂、爬升框组

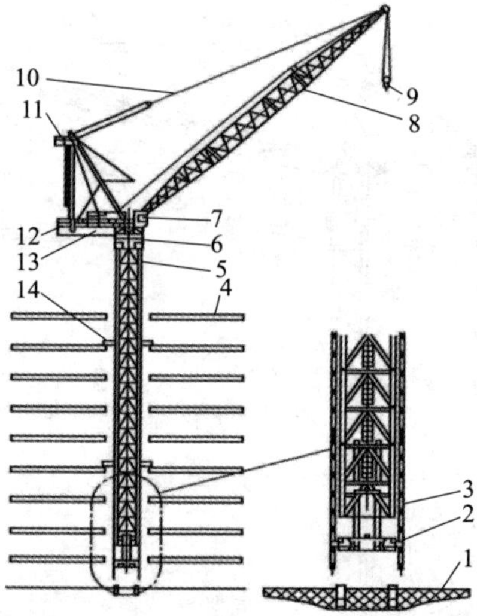

图 2-2-4　内爬式动臂塔式起重机

1—固定基础；2—爬升梁；3—爬梯；4—楼板；5—标准节；6—回转支承；7—驾驶室；8—起重臂；9—吊钩；10—拉杆；11—桅杆平台；12—起升机构；13—平衡臂；14—爬升框

成。内爬式塔式起重机的塔身只需要少量标准节，它安装在建筑物中间电梯井或其他特定的开间内，在其底部有一套专用的井道爬升装置，可以根据施工进度沿井道爬得很高，而且它处于建筑物中间，故工作覆盖面较大。内爬式塔式起重机的缺点是对建筑物的承载能力有特别的要求，爬升和拆塔操作都比较困难，因此使用较少。

二、电气控制原理知识

（一）塔式起重机电气系统组成及控制方式

塔式起重机的电气系统是由电源、电气设备、导线和低压电器组成。从塔式起重机配备的开关箱接电，通过电缆送至驾驶室内空气开关再到电气控制柜，由设在操作室内的万能转换开关或联动台发生主令信号，对塔式起重机各机构进行操作控制。

1. 塔式起重机的电源

塔式起重机的电源一般采用 380V、50Hz 三相五线制供电，工作零线和保护零线分开。工作零线用于塔式起重机的照明等 220V 的电气回路中。专用保护零线常称 PE 线，首端与变压器输出端的工作零线相连，中间与工作零线无任何连接，末端进行重复接地。

2. 塔式起重机的电路

（1）主电路

主电路是指从供电电源通向电动机或其他大功率电气设备的电路，主电路上的电流从几安培到几百安培。此电路还包括连接电动机或大功率电气设备的开关、接触器、控制器等元件。

（2）控制电路

控制电路中有接触器、继电器、主令开关、限位器以及其他小功率电器元件等。

(3) 辅助电路

辅助电路包括照明电路、信号电路、电热采暖电路等。可以根据不同情况与主电路或控制电路相连。

3. 塔式起重机的控制方式

塔式起重机上常用的控制方式有两种：一种为继电接触器控制方式；一种为可控制编程器（PLC）控制方式。

(1) 继电接触器控制方式

继电接触器控制方式采用中间继电器、时间继电器、接触器等实现设备动作的逻辑控制。继电控制方式用于控制简单、逻辑关系不复杂的小吨位塔式起重机上，如 QTZ63 常采用继电控制方式。

(2) 可控制编程器（PLC）控制方式

PLC 控制方式是将继电接触器控制的硬线连接逻辑转变为计算机的软件逻辑编程。它从很大程度上简化了继电接触器控制的硬线连接线路，实现逻辑关系的简单可变性，可以通过与计算机的连接，修改程序，改变控制逻辑，优化控制方案。使用 PLC 控制方式可以减少设备的故障率，设备的维护、检查及故障的判断更加方便。

(二) 塔式起重机主要电气设备和元器件

塔式起重机的控制方式通过相应的元器件组搭而成，形成相应的逻辑控制，从而实现塔式起重机的控制。其主要的部件和元器件如下：

1. 电动机

塔式起重机一般采用交流电动机，交流电动机按类型分为笼型异步电动机、绕线转子异步电动机等。其中绕线转子异步电动机以其启动转矩大、启动平稳、控制简单等优点而应用较广。

2. 电控箱

电控箱是整个设备正常运行的中间枢纽，它通过接收操作控制系统的命令及安全保护装置的信号指令，并根据设计好的逻辑关系，确保动作执行机构正确、安全运行。电控箱内由各种不同的元器件组搭实现塔式起重机逻辑控制。

3. 操作台

操作台是塔式起重机动作的命令源，只有通过操作台给出正确的指令，塔式起重机的各个机构才能做出对应的正确动作。操作台设有零位自锁装置，在对操作手柄操作前，需进行零位解锁，零位解锁分为下压式和上提式。

4. 空气开关

空气开关可以在电路发生故障时（短路、过载或失压）自动分开、切断电源（即自动跳闸）。

5. 限位开关

限位开关是用来控制接触器或继电器的线圈电路接通或断开的。它是通过机械或其他物件的碰撞，利用其撞块的压力使限位开关的触头闭合或断开，作为行程控制和限位控制，用于塔式起重机各工作机构的安全保护。

6. 断路器

断路器主要用于动力回路和控制回路中，起到短路和过载保护作用。

7. 欠压、过压、错断项及相序保护

欠压、过压、错断、相序保护是一种对电压进行检测的保护装置，当供给的电压出现欠压、过压、错断项、缺相、相序不正确等不正常情况时，保护器动作，切断设备电源，保护设备的安全。

8. 可编程控制器

可编程控制器又称 PLC，是将控制逻辑通过软件编程进行集中控制的电子元件，通过 PLC 可以减少大批量的中间继电器和时间继电器的使用，减小电控箱的外观尺寸。

9. 接触器

接触器是用于动力回路中，对电动机的正、反转及挡位切换等进行控制。

10. 时间继电器及中间继电器

时间继电器和中间继电器是在接触继电控制回路中用于组搭控制逻辑的电子元器件，对整个控制回路的逻辑关系进行控制。

11. 热继电器

热继电器主要是对电动机的过载保护，当电动机过载而使电动机发热时，热继电器动作，停止电动机工作，从而起到保护作用。

12. 变频器及制动单元

变频器用于对变频电动机的调速。使用变频器调速可以实现电动机的低速就位并起到制动的平稳，减少冲击，同时还可以实现电动机的无级调速。

制动单元是在电动机减速或重载下放时，将电动机产生的电能进行释放的电子元器件。

13. 变压器

变压器是将 380V 电压转换成所需要的控制电压或安全电压的电子元件。在塔式起重机控制回路中的控制电压必须经过隔离变压器取得。

14. 熔断器

熔断器是借熔体在电流超出限定值而熔化、分断电路的一种用于过载和短路保护的电子元件。当用电设备发生过载或短路时，熔体能自身熔化分断电路，避免由于过电流热效应及电动力引起对用电设备的损坏。

15. 电缆

电缆是连接电源、操作台、电控箱、电动机的中间连接件。通过电缆将塔式起重机电控系统的各个部分有机地联系在一起，确保塔式起重机的运行。电缆分为动力电缆和控制电缆。

16. 电缆卷筒

轨道式塔式起重机必须装有电缆卷筒。当塔式起重机行走时，由电缆卷筒收放电缆。外电源经由电缆卷筒引到塔式起重机控制箱再分送到各个用电部位。电缆卷筒如图 2-2-5 所示。

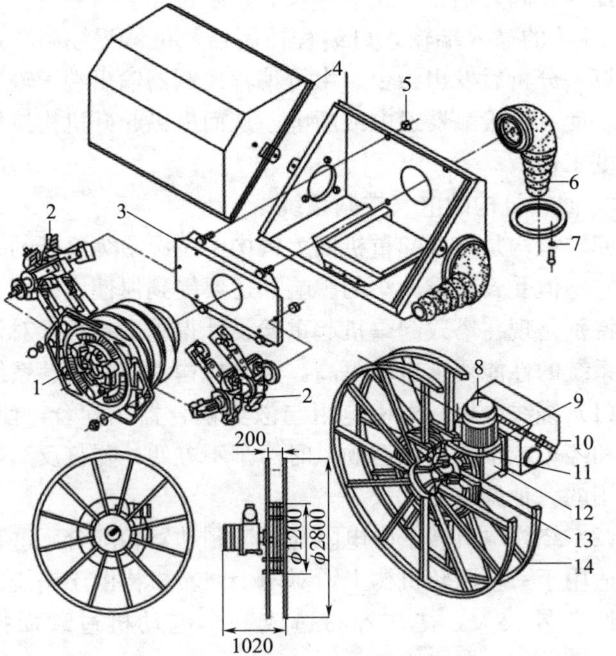

图 2-2-5　电缆卷筒

1—集电环组件；2—电锯；3—支座；4—集电环罩盖；5—螺母；6—套管；7—环座及螺栓；8—电动机；9—集电环组件；10—集电环部件；11—螺栓及垫圈；12—摩擦传动部件；13——电缆扣；14—电缆卷筒法兰盘端板

（三）塔式起重机电气控制原理

塔式起重机电控系统根据实际控制需求的不同存在多种组合形式，但均是基于电动机拖动控制和安全保护而设计，由各个运行机构的供电回路、控制回路、安全保护回路、辅助功能回路等构成，塔式起重机工作机构的典型控制电路如下：

1. 起升机构

三速电机的调速及控制系统分析：在中、小型塔式起重机的起升机构上最常用的是三速电动机。

操纵台起升挡位开关信号及起升限位器等信号由可编程控制器 PLC 的输入端输入可编程控制器，可编程控制器通过逻辑运算、分析后发出指令，由可编程控制器输出端子输出相关信号，使有关接触器通电或断电，从而操纵起升机构按照需要的速度工作。

2. 回转机构的电气控制系统

回转机构是塔式起重机四大机构中工况最为复杂的一个机构，它不但受到吊重大小的影响，还要受到惯性力、风力的影响，特别是现在塔式起重机起重臂设计得越来越长，对调速和控制系统的性能要求也就更高。回转机构常用的调速系统有：

（1）绕线电机转子串电阻与液力耦合器相配合，使启动、换速和停车减小冲击，但顺风时停车不方便，要打反车，这是最常用的一种调速方式。

（2）绕线电机转子串电阻与涡流制动器相配合，这种调速方式适用于一个回转机构上，对两个回转机构由于涡流制动器的特性差异较大，往往容易造成一个电动机过载而损坏电动机。

（3）定子调压调速。一般采用闭环系统（也有采用开环的），能实现无级调速，电动机需采用力矩型电动机或绕线电动机转子串电阻。

（4）变频调速。通过改变电源频率来调整电动机转速，可以实现真正的无级调速。

3. 小车变幅机构的电气控制系统

小车变幅机构是塔式起重机四大机构中对调速性能要求较低的一个机构，一般以起重臂的长短来确定不同的调速方式。

起重臂较短的，如 30m 以内一般用单速电动机，只有一个速度；臂长在 30～50m 的采用双速电动机，小车有两个速度；臂长在 50m 以上，宜采用变频无级调速。

目前，国内塔式起重机采用变频技术，使用变频技术具有以下显著的优点：

（1）失速保护

当起升钢丝绳运行速度超过设定值时，自动启动报警与制动装置。

（2）轻载自动升速功能

对持续轻载（额定荷载 30%以下）提升时，可自动逐渐加速提升。

（3）逻辑抱闸控制功能

通过松闸频率、松闸电流、制动器释放时间、制动器闭合时间等，实现专用的逻辑抱闸控制，保证系统的安全性和可靠性。

（4）精确控制

电流承载能力强，启动平稳无晃动，跟钩容易，点动强劲有力，大臂平稳无晃动，高速停机就位准确。

（5）制动电阻短路保护功能

塔式起重机专用变频器内置制动单元具有制动电阻短路保护功能。

（四）塔式起重机电控系统的安全保护措施

塔式起重机电控系统的安全保护措施是指对电气系统本身的保护，包括电动机、电子元件的保护和避免人体触电等。

1. 主电路的安全保护

塔式起重机的主电路通常设置有铁壳开关、空气开关、错断相保护器和总接触器等。

铁壳开关常装在塔式起重机底节，作为电源引入用。空气开关带有自动脱扣器，可以起到过流自动脱扣或失压自动脱扣的作用，从而保护整个电路不会有过流或者失压的危险。

错断相保护主要是防止主电路换相或缺相带来的影响，如起升、下降、左转、右转、向外、向内等。如果主电路换相会引起误操作，有了错断相保护就会先把相序改过来再操作。

总接触器是由操作人员通过按钮控制主电路的接通和断开。通常的急停就是断开总接触器。总接触器的接通受很多条件限制，如起升、回转、牵引机构的操作手柄一定在中位，不能由于操作未准备好或停电后忘记复位，一按启动按钮塔式起重机就开始动作。

热继电器保护其常闭触头在总接触器回路，当电机长时间过载或局部短路而发热严重，热继电器动作，常闭触头跳开，切断主电源。

2. 电动机的保护装置

（1）短路保护

熔断器和过流自动脱扣开关就是短路保护装置。三相异步电动机发生短路故障或接线错误短路时，将产生很大的短路电流，如不及时切断电源将会使电动机烧毁，甚至引发事故。加装短路保护装置后，短路电流就会使装在熔断器中的熔体或熔断丝立即熔断，从而切断电源，保护了电动机及其他电气设备。

（2）过载保护

热继电器就是电动机的过载保护装置。电动机因某种原因发生短路时过载运行并不会马上烧坏电动机，但长时间过载运行就会严重过热从而烧坏铁芯绕组，或者损坏绝缘而降低使用寿命。因此，在电路中需要加装热继电器加以保护。

（3）欠压保护

电动机的电磁转矩是与电压的平方成正比的，即 $N=V^2/R$。若电源电压过低，而外加负载仍然是额定负荷，将使电动机的转速下降，依靠加大转差率来获得所需要的电磁转矩，这时转子内感应电流大大增加，定子电流也增加。电动机长时间地在低速大电流下运行，发热严重，由于功率等于电流的平方乘以电阻（$N=I^2 \cdot R$），电动机容易烧坏。欠压保护装置能在电压过低时及时切断电动机的电源。

3. 用电安全

塔式起重机主要由金属结构件组成，如果电路漏电，将对人体造成伤害，所以电气系统必须有这方面的安全保护。

（1）操作系统的安全电压

塔式起重机的控制电路要求用电源隔离变压器，把 380V 电压变为 42V 及以下的安全电压，提高安全保障。

（2）漏电保护

施工现场总配电箱和开关箱中各配有一个漏电保护器，塔式起重机开关箱中漏电保护器的额定漏电动作电流不应大于 30mA，额定漏电动作时间不应大于 0.1s。

（3）TN-S 系统

塔式起重机的电源采用 TN-S 系统，即三相五线制供电，如图 2-2-6 所示。

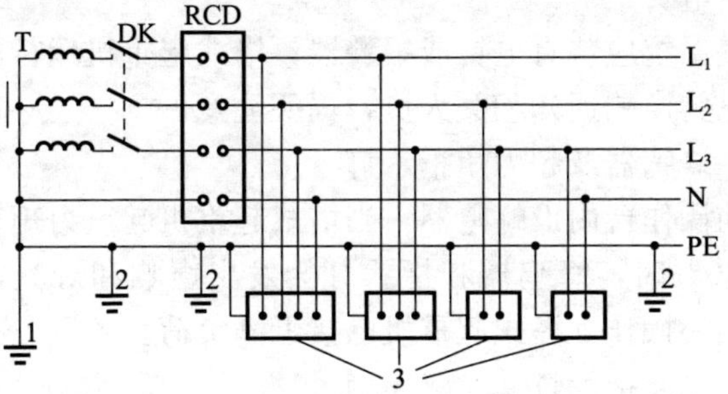

图 2-2-6　TN-S 系统

1—工作接地；2—PE 线重复接地；3—电气设备金属外壳（正不带电的外露可导电部分）；L_1、L_2、L_3—相线；N—工作零线；PE—保护零线；DK—总电源隔离开关；RCD—总漏电保护器（兼有短路、过载、漏电保护功能的漏电断路器）

三相五线制包括三相电的三个相线（A、B、C 相）、中性线（N 相）以及地线（PE 线）。设备外壳上电位始终处在“地”电位，从而消除了设备产生危险电压的隐患。

三相五线制标准导线颜色为：A 相黄色，B 相绿色，C 相红色，N 相淡蓝色，PE 线黄绿色。

（4）接地

塔式起重机的金属结构、电控柜应可靠接地，接地电阻不得大于 4Ω。电气系统的中性线要与电源的中性线接好，不可随意接在金属构件上，中性线与地线要分开，以免发生意外漏电事故或三相电压不平衡。

（5）电气系统的绝缘

电气系统的对地绝缘电阻应大于 0.5MΩ，防止意外接通金属结构件。电线电缆不得与尖锐的金属接触，防止磨破发生漏电事故。

4. 信号显示装置

塔式起重机安装后会影响周围环境条件，应设置必要的信号显示装置，提醒相关人员的注意。

（1）电铃

电气系统应装有电铃或报警器，塔式起重机运行前操作人员须用电铃声响通知相关人员，提醒注意。

（2）蜂鸣器及超力矩指示灯

联动操作台内设蜂鸣器，当塔式起重机起重力矩达到额定力矩的 90%时，蜂鸣器和指示灯会发出声响和灯光，提醒操作人员小心操作，塔式起重机已接近满负荷。

（3）障碍指示灯

为避免其他物体与塔式起重机发生碰撞，在其顶部和起重臂前端各装一个红色障碍灯，以指示塔式起重机的最大轮廓、高度和位置。这些障碍灯在晚间应接通，主要防止飞机或其他物体撞击塔式起重机。障碍灯电源供电不受停机的影响。

（4）电源指示

在塔式起重机的操作台面板上装有电源指示灯和电压表，当总电源接通后电压表的电压显示出来。一般要求电压在380V±10%的范围内才可以正常操作。当按下总开关按钮后电源指示灯亮，表示控制系统已通电，可正常工作。

第三节　熟悉塔式起重机安全防护装置的构造和工作原理

安全防护装置是塔式起重机的重要组成部分，其作用是保证塔式起重机在允许荷载和工作空间中安全运行，防止误操作而导致严重后果，保证设备和人身的安全。

（一）安全防护装置类型

塔式起重机应设置的安全装置有：

（1）对于各类型塔式起重机，应设置起重力矩限制器、起重量限制器、起升高度限位器、幅度限位器、回转限位器、钢丝绳防脱装置、报警及显示记录装置等。臂根铰点超过50m的塔式起重机应配备风速仪。

（2）对于小车变幅式塔式起重机，应设置小车断绳保护装置、小车防坠落装置。

（3）对于动臂变幅式塔式起重机，应设置动臂变幅幅度限制装置。

（4）对于轨道运行的塔式起重机，应设置运行限位器、抗风防滑装置。

（5）对于自升式塔式起重机，应具有可靠的防止在正常加节、降节作业时，爬升装置从塔身支承中或油缸端头从其连接结构中自行（非人为操作）脱出的功能。

（二）安全防护装置的构造和工作原理

1. 起重力矩限制器

起重力矩限制器的作用是控制塔式起重机使用时不得超过最大额定起重力矩，因此起重力矩限制器是塔式起重机重要的安全装置之一。

起重力矩限制器分为电子式和机械式。机械式力矩限制器又有弓板式和杠杆式等多种形式。按受力变形方式不同，弓板式起重力矩限制器有拉伸式和压缩式两种，其外形和构造如图 2-3-1 所示。

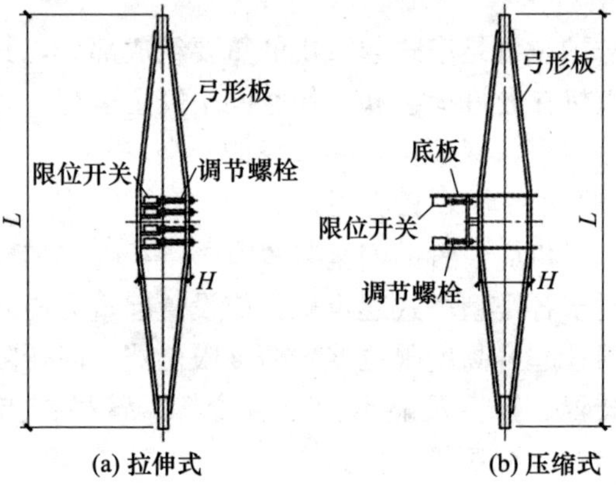

图 2-3-1　起重力矩限制器构造示意图

拉伸式起重力矩限制器弓形板的两端焊接在塔帽后弦杆上。吊重作业时塔帽后弦杆受拉延伸，弓形板长度方向尺寸 L 伸长，宽度方向尺寸 H 缩小，当超过设定的额定起重力矩值时，调节螺栓触及限位开关，限位开关动作，断开起升机构上升电路和变幅小车向外电路。

压缩式起重力矩限制器焊接在塔帽的前弦杆或者桅杆式塔式起重机平衡臂的上弦杆上。吊重时，塔帽的前弦杆或桅杆式塔式起重机平衡臂的上弦杆受压缩短，L 尺寸也相应缩短，H

尺寸增大，固定在底板上的限位开关向右移动，调节螺栓向左移动。超过设定的力矩值时，调节螺栓触及限位开关，限位开关动作，断开起升机构上升电路和变幅小车向外电路。

使起重力矩限制器动作的信息来源于结构的变形。吊物越重，塔帽主弦杆或者平衡臂上弦杆的变形量越大，L 和 H 尺寸的变化量也越大。

塔式起重机的最大起重力矩是确定的，超过最大起重力矩就有倾覆或折臂的危险，起重力矩限制器是保护塔式起重机最重要的安全装置。起重力矩仅对塔式起重机臂架的纵垂直平面的超载力矩起保护作用，不能防止由于斜吊、风载、轨道倾斜或陷落等原因引起的倾覆。起重力矩限制器根据塔式起重机形式不同，可安装在塔帽、起重臂根部等部位。

塔式起重机应安装起重力矩限制器。如设有起重力矩显示装置，则其数值误差不应大于实际值的±5%。

当起重力大于相应工况下的额定值并小于该额定值的110%时，应切断吊钩上升和幅度增大方向的电源，但机构可作下降和减小幅度方向的运动。

对小车变幅的塔式起重机，其最大变幅速度超过 40m/min，在小车向外运行且起重力矩达到额定值的 80%时，变幅速度应自动转换为不大于 40m/min 的速度运行。

2. 起重量限制器

起重量限制器的作用是限制最大起重量，防止塔式起重机的吊物超过最大额定荷载，避免发生机械损坏事故。起重量限制器有多种结构形式，如图 2-3-2 所示是其中两种。

起重量限制器悬挂在塔帽上的如图 2-3-2（a）所示。起升钢丝绳从起升机构的排绳轮引出，绕过该起重量限制器的转向滑轮，引向起重臂根部的转向滑轮。吊重作业时起升钢丝绳张力的合力使转向滑轮向下位移，测力环变形，两弹簧片之间的间距变小，当吊物质量超过设定值时调节螺栓触及微动开关的触头，切断起升机构上升方向的电源。

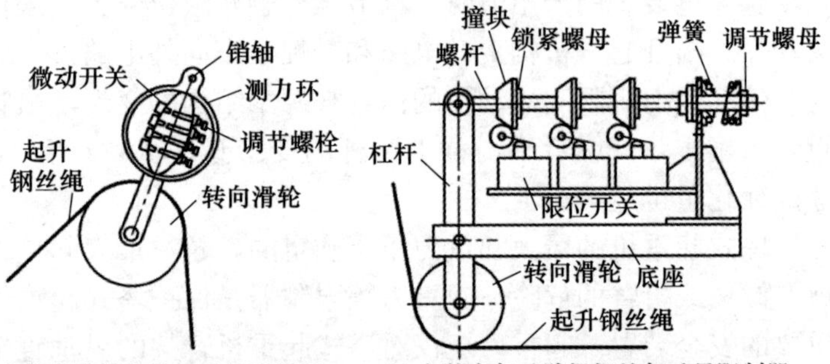

(a) 安装在塔帽上的起重量限制器　(b) 安装在起重臂根部的起重量限制器

图 2-3-2　两种起重量限制器结构示意

起重量限制器安装在起重臂根部的如图 2-3-2（b）所示。起升钢丝绳从塔帽转向滑轮引入，绕过该起重量限制器的转向滑轮后，引向变幅小车的转向滑轮。起升钢丝绳张力的合力推动杠杆按逆时针方向转动，杠杆拉动螺杆向左移动，当吊物质量超过设定值时螺杆上的撞块触及行程开关的滚轮，行程开关动作，切断起升机构上升方向的电源。

塔式起重机应安装起重量限制器。如设有起重量显示装置，则其数值误差不应大于实际值的±5％。

当起重量大于相应挡位的额定值并小于该额定值的 110％时应切断吊钩上升方向的电源，但机构可作下降方向的运动。

3. 行程限位器

塔式起重机起升高度限位器、幅度限位器、回转限位器通常选用 DXZ 多功能限位器作为限位电子元件，DXZ 多功能行程限位器内部结构如图 2-3-3 所示。

起升高度限位器、幅度限位器、回转限位器的安装位置如图 2-3-4 所示。

DXZ 多功能行程限位器有 4 组微动开关，可控制 4 条电路。

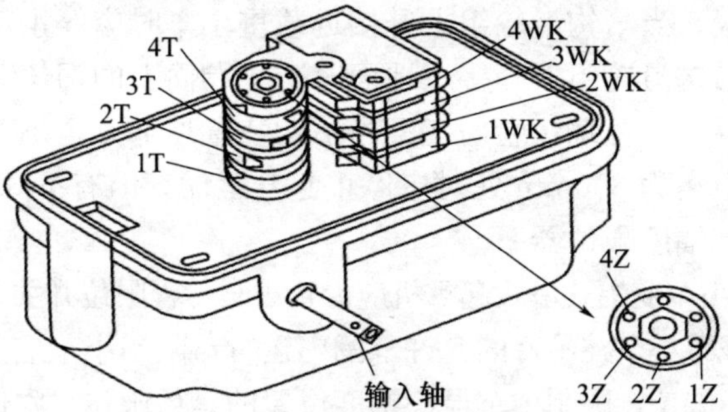

图 2-3-3　DXZ 多功能行程限位器结构示意图

1T、2T、3T、4T—凸轮；1WK、2WK、3WK、4WK—微动开关；
1Z、2Z、3Z、4Z—调整轴

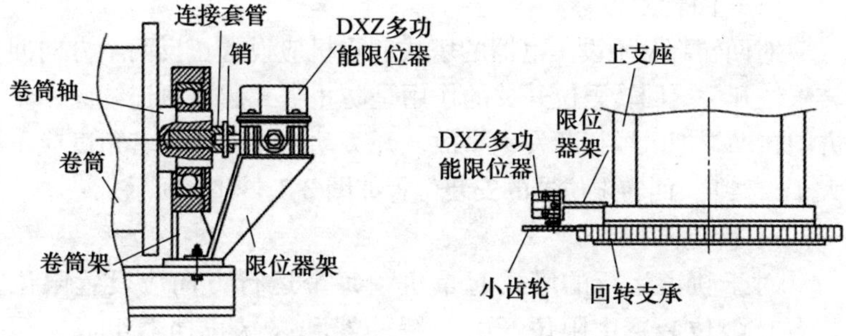

(a) 起升高度限位器、幅度限位器　　(b) 回转限位器

图 2-3-4　DXZ 多功能限位器安装位置示意

调整轴（Z）对应的记忆凸轮（T）及微动开关（WK）分别为：

1Z—1T—1WK；

2Z—2T—2WK；

3Z—3T—3WK；

4Z—4T—4WK。

（1）起升高度限位器

起升高度限位器用于防止在吊钩提升或下降时可能出现的

操作失误。当吊钩滑轮组上升接近载重小车时应停止其上升运动；当吊钩滑轮组下降接近地面时防止卷筒上的钢丝绳松脱甚至以相反方向缠绕在卷筒上。当吊钩装置顶部升至小车架下端的最小距离为800mm处时应停止起升运动，但有下降运动。

（2）幅度限位器

① 小车变幅式塔式起重机应设置小车行程限位开关，其作用是限制载重小车在吊臂的允许范围内运行，限制小车最大幅度位置的是前限位，限制小车最小幅度位置的是后限位。限位开关动作后应保证小车停车时其端部距缓冲装置最小距离为200mm。

② 动臂变幅式塔式起重机应设置臂架低位置和臂架高位置的幅度限位开关，以及防止臂架反弹后翻的装置。

（3）回转限位器

对回转部分不设集电器的塔式起重机应设置正反两个方向回转限位开关。回转限位开关的作用是防止塔式起重机连续向一个方向转动，把电缆扭断发生事故。开关动作时臂架旋转角度应不大于±540°。回转限位器的安装位置如图2-3-4（b）所示。

4. 行走限位器

对于轨道运行的塔式起重机，每个运行方向应设置限位装置，限位装置由限位开关、缓冲器和终端止挡器组成。缓冲器是用来保证轨道式塔式起重机能比较平稳的停车而不至于产生猛烈的撞击。应保证开关动作后塔式起重机停车时其端部距缓冲器最小距离为1m，缓冲器距终端止挡最小距离为1m。图2-3-5所示为一大车运行限位器，通常装设于行走台车的端部，前后台车各设一套，可使塔式起重机在运行到轨道基础端部缓冲止挡装置之前完全停车。

5. 缓冲器及止挡装置

塔式起重机行走和小车变幅的轨道行程末端均需设置止挡装置。缓冲器安装在止挡装置或塔式起重机（变幅小车）上，当塔式起重机（变幅小车）与止挡装置撞击时，缓冲器应使塔式起重机（变幅小车）较平稳地停车而不产生猛烈的冲击。

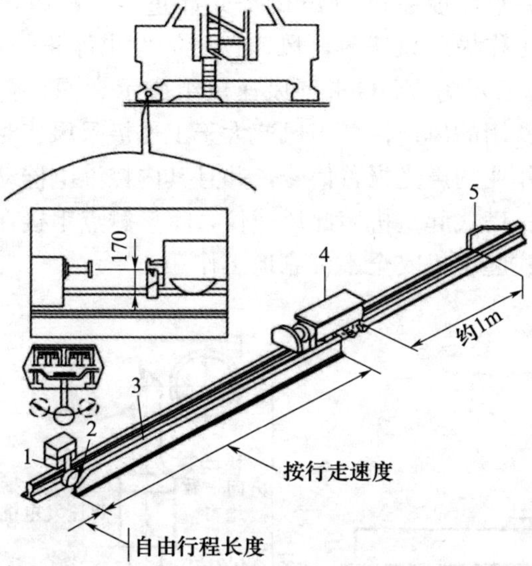

图 2-3-5　行走式塔式起重机运行限位器

1—限位开关；2—摇臂滚轮；3—坡道；4—缓冲器；5—止挡块

6. 夹轨器

轨道式塔式起重机应安装夹轨器。夹轨器的作用是塔式起重机在非工作状态时夹紧在轨道两侧，使塔式起重机不能在轨道上移动。塔式起重机使用的夹轨器一般为手动机械式夹轨钳，如图 2-3-6 所示。夹轨钳安装在每个行走台车的车架两端，非工作状态时，把夹轨器放下来，转动螺栓，使夹钳夹紧在起重机的轨道上。工作状态时，把夹轨器上翻固定。

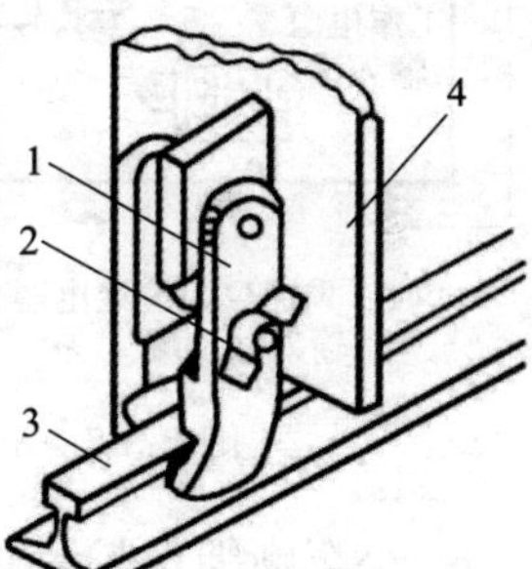

图 2-3-6　塔式起重机夹轨钳结构简图

1—夹钳；2—螺栓、螺母；3—钢轨；4—台车架

7. 风速仪

臂根铰点高度超过 50m 的塔式起重机应配备风速仪。当风速大于工作极限风速时，风速仪应能发出停止作业的警报。如图 2-3-7 所示为 YHQ-1 型风速仪组成示意图。它是一种塔式起重机常用的风速仪，当风速大于工作极限风速时，仪表能发出停止作业的声光报警信号，并且其内控继电器动作，常闭触点断开。塔式起重机装此风速仪，将该触点串接在电路中就能控制塔式起重机安全、可靠地工作。

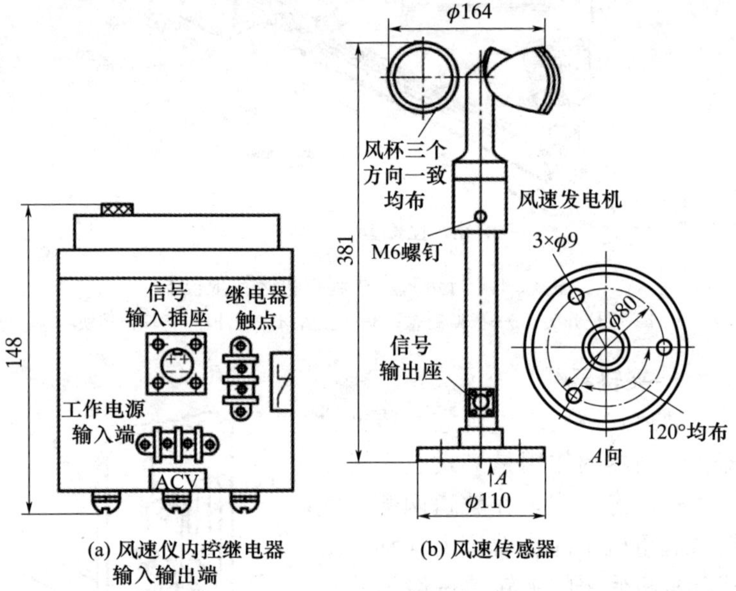

图 2-3-7　YHQ-1 型风速仪组成示意图

8. 小车断绳保护装置

对于小车变幅式塔式起重机，为了防止小车牵引绳断裂导致小车失控，变幅的双向均设置小车断绳保护装置。

目前应用较多且简单、实用的断绳保护装置为重锤式偏心挡杆，如图 2-3-8 所示。塔式起重机小车正常运行时挡杆 2 平卧，张紧的牵引钢丝绳从导向环 3 穿过。当小车牵引绳断裂时，挡杆 2 在偏心重锤 6 的作用下翻转直立，遇到臂架的水平腹杆时，就会挡住小车的溜行。每个小车均各有两个小车断绳保护装置，分别设于小车的两头牵引绳端固定处。当采用双小车系统时，设于外小车或主小车。

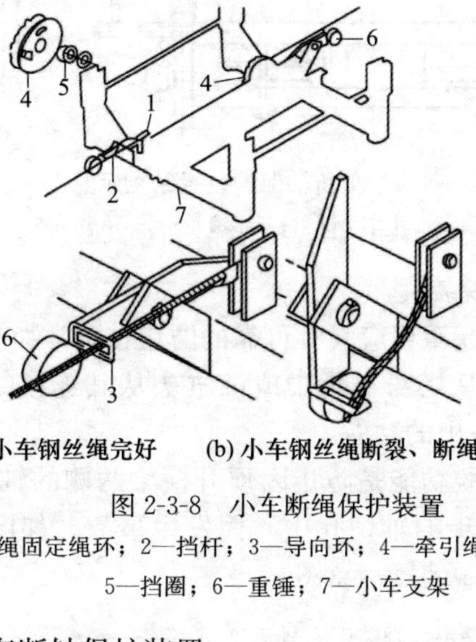

(a) 小车钢丝绳完好　　(b) 小车钢丝绳断裂、断绳装置起作用

图 2-3-8　小车断绳保护装置

1—牵引绳固定绳环；2—挡杆；3—导向环；4—牵引绳棘轮张紧装置；5—挡圈；6—重锤；7—小车支架

9．小车断轴保护装置

小车变幅式塔式起重机应设置变幅小车断轴保护装置，即使轮轴断裂，小车也不会掉落。图 2-3-9 所示为小车断轴保护装置结构示意图。小车断轴保护装置即是在小车架左、右两根横梁上各固定两块挡板，当小车滚轮轴断裂时，挡板即落在吊臂的弦杆上挂住小车，使小车不致脱落，从而避免造成重大安全事故。

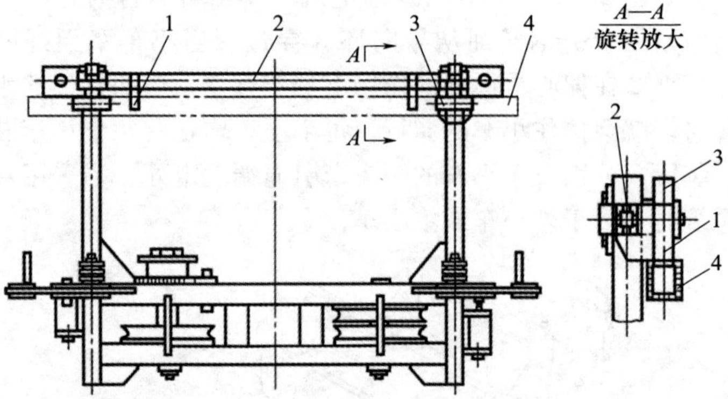

图 2-3-9　小车断轴保护装置结构示意图

1—挡板；2—小车上横梁；3—滚轮；4—吊臂下弦杆

10. 顶升防脱装置

自升式塔式起重机应具有可靠的防止在正常加节、降节作业时，爬升装置从塔身支承中或油缸头从其连接结构中自行（非人为操作）脱出的功能。

爬升装置防脱功能是防止因顶升横梁两侧的轴销（爬爪）未安装到位（踏步的轴销孔中）而发生事故。如图 2-3-10 所示是一种顶升防脱装置示意图。

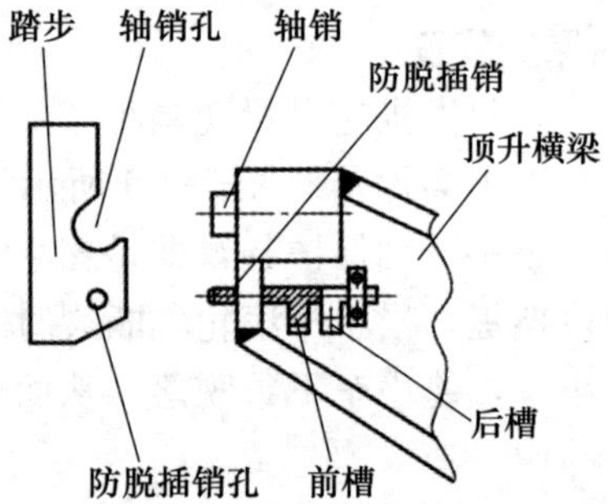

图 2-3-10　顶升防脱装置示意图

11. 钢丝绳防脱装置

滑轮、起升卷筒及动臂变幅卷筒均应设有钢丝绳防脱装置，该装置与滑轮或卷筒侧板最外缘的间隙不应超过钢丝绳直径的20%。吊钩应设有防钢丝绳脱钩的装置。

12. 报警装置

塔式起重机应装有报警装置，在塔式起重机达到额定起重力矩或额定起重量的90%以上时，装置应能向司机发出断续的声光报警。在塔式起重机达到额定起重力矩和额定起重量的100%以上时，装置应能发出连续、清晰的声光报警。

13. 警示灯

当塔顶高度大于30m且高于周围建筑物的塔式起重机，应在塔顶和起重臂的端部安装红色障碍指示灯，该指示灯的供电不受停机的影响。塔式起重机操作人员在下班或晚上作业时，应把障碍指示灯及时打开，提醒空中飞行物注意避让。

14. 电笛

电笛或电铃起提示、提醒作用。用笛声告诉现场作业人员塔式起重机即将作业或吊物将至，提醒他们注意避让。塔式起重机操作人员在起升、变幅、回转、运行作业中必须鸣电笛（电铃）示警。

15. 安全监控装置

安全监控装置是安装在塔式起重机上，使用数字化技术来对塔式起重机进行辅助安全管理的装置。

安全监控装置主要由传感器、设备主机（包含分析处理及传输控制功能）、视频采集器、信号传输器和后台管理网络组成，可以对塔式起重机使用和管理者进行风速、超载、限位、群塔碰撞、区域限位、倾翻等情况进行报警和记录，并能进行远程监视与操作干涉，是对施工现场塔式起重机的安全使用、管理、监控的发展方向。

第四节　了解安装、顶升、附着和拆卸工程专项施工方案的标准要求

一、安装、顶升、附着和拆卸工程专项施工方案的基本要求

为确保施工安全，在塔式起重机安装、拆卸前应编制专项施工方案，指导作业人员实施安装、拆卸作业。专项施工方案应根据塔式起重机使用说明书和作业场地的实际情况编制，并按照国家现行相关标准和住房城乡建设主管部门的有关规定实施。专项施工方案应由本单位技术、安全、设备等部门审核、技术负责人审批后，经监理单位批准实施。

起重量 300kN 及以上，或搭设总高度 200m 及以上，或搭设基础标高在 200m 及以上的塔式起重机安装和拆卸工程属于超过一定规模的危险性较大的分部分项工程，施工单位应当组织召开专家论证会对专项施工方案进行论证。实行施工总承包的，由施工总承包单位组织召开专家论证会。专家论证前专项施工方案应当通过施工单位审核和总监理工程师审查。

（一）塔式起重机安装专项施工方案应包括以下内容：

（1）工程概况；

（2）安装位置平面和立面图；

（3）所选用的塔式起重机型号及性能技术参数；

（4）基础和附着装置的设置；

（5）爬升工况及附着点详图；

（6）安装顺序和安全质量要求；

（7）主要安装部件的质量和吊点位置；

（8）安装辅助设备的型号、性能及布置位置；

（9）电源的位置；

（10）施工人员配置；
（11）吊索具和专用工具的配备；
（12）安装工艺顺序；
（13）安全装置的调试；
（14）重大危险源和安全技术措施；
（15）应急预案等。
（二）塔式起重机拆卸专项施工方案应包括以下内容：
（1）工程概况；
（2）塔式起重机位置的平面和立面图；
（3）拆卸顺序；
（4）部件的质量和吊点位置；
（5）拆卸辅助设备的型号、性能和布置位置；
（6）电源的设置；
（7）施工人员的配置；
（8）吊索具和专用工具的配备；
（9）重大危险源和安全技术措施；
（10）应急预案等。

塔式起重机安装、拆卸工程专项施工方案实施前，编制人员或者项目技术负责人应当向施工现场管理人员进行方案交底。施工现场管理人员应当向作业人员进行安全技术交底，并由双方和项目专职安全生产管理人员共同签字确认。

（三）安全技术交底应当包括以下内容：
（1）塔式起重机的性能参数；
（2）安装、附着及拆卸的程序和方法；
（3）各部件的连接形式、连接件尺寸及连接要求；
（4）安装拆卸部件的质量、重心和吊点位置；
（5）使用的辅助设备、机具、吊索具的性能及操作要求；
（6）作业中安全操作措施；
（7）其他需要交底的内容。

塔式起重机在使用过程中需要附着的，也应制订相应的附着专项施工方案，并由使用单位委托原安装单位或者具有相应资质的安装单位按照专项施工方案实施，并按规定组织验收。验收合格后方可投入使用。

专项施工方案实施前，应按照规定组织安全施工技术交底并签字确认，同时将专项施工方案、安装拆卸人员名单、安装拆卸时间等资料报施工总承包单位和监理单位审核合格后，告知工程所在地县级以上地方人民政府建设主管部门。

二、安装、拆卸单位

从事建筑起重机械安装、拆卸活动的单位应当依法取得建设主管部门颁发的相应资质（即起重设备安装工程专业承包资质）和建筑施工企业安全生产许可证，并在其资质许可范围内承揽建筑起重机械安装、拆卸工程。

起重设备安装工程专业承包资质分为一级、二级、三级。

一级资质可承担塔式起重机、各类施工升降机和门式起重机的安装与拆卸。

二级资质可承担 3150kN·m 及以下塔式起重机、各类施工升降机和门式起重机的安装与拆卸。

三级资质可承担 800kN·m 及以下塔式起重机、各类施工升降机和门式起重机的安装与拆卸。

三、安装、拆卸作业相关人员

（一）塔式起重机安装、拆卸作业应配备下列人员：

（1）持有安全生产考核合格证书的项目负责人和安全负责人、机械管理人员；

（2）具有建筑施工特种作业操作资格证书的建筑起重机械安装拆卸工、电工、起重司机、起重信号工、司索工特种作业操作人员。

（二）塔式起重机安装拆卸工属于建筑施工特种作业工的一种，其应当具备下列基本条件：

（1）年满18周岁且不超过国家法定退休年龄；

（2）初中及以上学历；

（3）经医院体检合格且无妨碍从事塔式起重机安装拆卸作业的疾病和生理缺陷；

（4）经过专门培训，并经建设主管部门考核合格取得“建筑施工特种作业人员操作资格证书”。

（三）持有资格证书的人员，应受聘于建筑施工企业、建筑起重机械出租单位或建筑起重机械安装拆卸单位（以下简称用人单位），方可从事相应的特种作业。

（四）用人单位对于首次取得资格证书的人员，应当在其正式上岗前安排不少于3个月的实习操作。

（五）建筑施工特种作业人员应当严格按照安全技术标准、规范和规程进行作业，正确佩戴和使用安全防护用品，并按规定对作业工具和设备进行维护保养。

（六）建筑施工特种作业人员应当参加年度安全教育培训或者继续教育，每年不得少于24h。

（七）在施工中发生危及人身安全的紧急情况时，建筑施工特种作业人员有权立即停止作业或者撤离危险区域，并向施工现场专职安全生产管理人员和项目负责人报告。

（八）用人单位应当履行下列职责：

（1）与持有效资格证书的特种作业人员订立劳动合同；

（2）制订并落实本单位特种作业安全操作规程和有关安全管理制度；

（3）书面告知特种作业人员违章操作的危害；

（4）向特种作业人员提供齐全、合格的安全防护用品和安全的作业条件；

（5）按规定组织特种作业人员参加年度安全教育培训或者

继续教育，培训时间不少于 24h；

（6）建立本单位特种作业人员管理档案；

（7）查处特种作业人员违章行为并记录在档；

（8）法律法规及有关规定明确的其他职责。

（九）建筑施工特种作业人员操作资格证书有效期为 2 年。有效期满需要延期的，建筑施工特种作业人员应当于期满前 3 个月内向原考核发证机关申请办理延期复核手续。延期复核合格的，资格证书有效期延期 2 年。

四、塔式起重机出厂及报废要求

塔式起重机应当具备出厂合格证、备案登记证、制造单位相应特种设备制造许可证、安装及维修使用说明书等，并配有电气原理图及布线图、配件目录、必要的专用随机工具。大修出厂的塔式起重机要有出厂检验合格证。对于购入的旧塔式起重机应有两年内完整的运转履历书及有关修理资料。塔式起重机出厂前须有相应型式试验合格证明。

超过一定使用年限的塔式起重机：630kN·m 以下（不含 630kN·m）、出厂年限超过 10 年（不含 10 年）的塔式起重机；630～1250kN·m（不含 1250kN·m）、出厂年限超过 15 年（不含 15 年）的塔式起重机；1250kN·m 以上、出厂年限超过 20 年（不含 20 年）的塔式起重机。由于使用年限过久，存在设备结构疲劳、锈蚀、变形等安全隐患。超过年限的由有资质评估机构评估合格后，可继续使用。

有下列情形之一的建筑起重机械，不得出租、安装、使用：

（1）属国家明令淘汰或者禁止使用的；

（2）超过安全技术标准或者制造厂家规定的使用年限的；

（3）经检验达不到安全技术标准规定的；

（4）没有完整安全技术档案的；

（5）没有齐全有效的安全保护装置的。

第五节　掌握塔式起重机安装、拆卸前的准备工作

一、安装前后的现场环境

塔式起重机安装作业现场有架空输电线时，塔式起重机任何部位与输电线的安全距离应符合表 2-5-1 要求。

表 2-5-1　塔式起重机任何部位与输电线的最小安全距离

安全距离（m）	电压（kV）				
	<1	1～15	20～40	60～110	220
沿垂直方向	1.5	3.0	4.0	5.0	6.0
沿水平方向	1.0	1.5	2.0	4.0	6.0

当与外输电线路的安全距离达不到表 2-5-1 中要求的安全距离时应搭设防护架，搭设防护架时应当符合以下要求：

（1）搭设防护架时必须经有关部门批准；

（2）采用线路暂停供电或其他可靠安全技术措施；

（3）有电气工程技术人员和专职安全人员监护；

（4）防护架与外输电线路的安全距离不应小于表 2-5-2 所规定的数值；

（5）防护架应具有较好的稳定性，可使用竹竿等绝缘材料，不得使用金属材料。

表 2-5-2　防护架与外输电线路之间的最小安全距离

外输电线路电压等级（kV）	≤10	35	110	220	330	500
最小安全距离（m）	1.7	2.0	2.5	4.0	5.0	6.0

当多台塔式起重机在同一施工现场交叉作业时，应编制专项方案，并应采取防碰撞的安全措施。任意两台塔式起重机之

间的最小架设距离应符合下列规定：低位塔式起重机的起重臂端部与另一台塔式起重机的塔身之间的距离不得小于 2m；高位塔式起重机的最低位置的部件（或吊钩升至最高点或平衡重的最低部位）与低位塔式起重机中处于最高位置部件之间的垂直距离不得小于 2m，如图 2-5-1 所示。

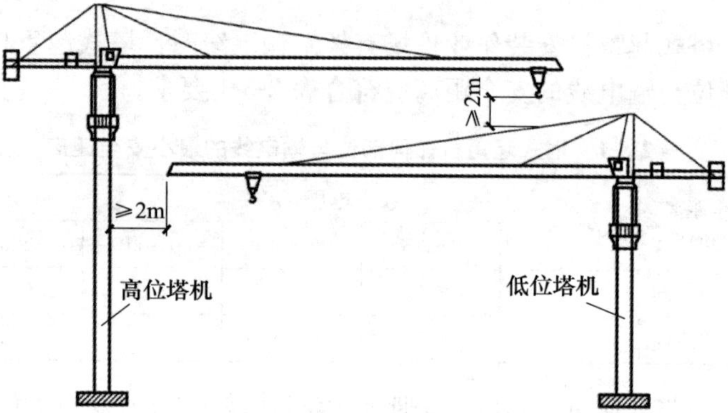

图 2-5-1　两台塔式起重机最小架设距离示意图

塔式起重机的尾部与周围建筑物及其外围施工设施之间的安全距离不小于 0.6m。

塔式起重机安装选址除了应当考虑与建筑物、外输电线路和其他塔式起重机有可靠的安全距离外，还应考虑到毗邻的公共场所（包括学校、商场等）、公共交通区域（包括公路、铁路、航运等）等因素。在塔式起重机及其荷载不能避开这类障碍时应向政府有关部门咨询。

二、基础设置

塔式起重机的基础及地基承载力应符合使用说明书和设计图纸的要求。安装前应对基础进行验收，验收合格后方可安装。基础周围应有排水设施。

基础应避开任何地下设施，无法避开时应对地下设施采取保护措施，预防灾害事故发生。塔式起重机基础定位应考虑安装后的现场作业环境、附着设置及方便以后塔式起重机拆除。

固定式塔式起重机基础预埋件有预埋螺栓、预埋支腿、预埋基础节等形式，预埋位置、尺寸均应符合说明书中基础制作要求。基础钢筋绑扎后应进行隐蔽工程验收。隐蔽工程应包括塔式起重机基础节的预埋件，验收合格后方可浇筑混凝土。行走式塔式起重机的轨道及基础应按使用说明书的要求进行设置，且应符合现行国家标准的规定。

安装塔式起重机时基础混凝土应达到80%以上设计强度，塔式起重机运行时基础混凝土应达到100%设计强度。塔式起重机基础尺寸允许偏差应符合表 2-5-3 要求。

表 2-5-3　塔式起重机基础尺寸允许偏差和检验方法

项目		允许偏差（mm）	检验方法
标高		±20	水准仪或拉线、钢尺检查
平面外形尺寸（长度、宽度、高度）		±20	钢尺检查
表面平整度		10、$L/1000$	水准仪或拉线、钢尺检查
洞穴尺寸		±20	钢尺检查
预埋锚栓	标高（顶部）	±20	水准仪或拉线、钢尺检查
	中心距	±2	钢尺检查

注：L 为矩形或十字形基础的长边。

内爬式塔式起重机的基础、锚固、爬升支承结构等应根据使用说明书提供的荷载进行设计计算，并应对内爬式塔式起重机的建筑承载结构进行验算。

（一）轨道行走式塔式起重机碎石基础应符合下列要求：

（1）当塔式起重机轨道敷设在地下建筑物（如暗沟、防空洞等）的上面时，应采取加固措施；

(2) 敷设碎石前的路面应按设计要求压实，碎石基础应整平捣实，轨枕之间应填满碎石；

(3) 路基两侧或中间应设排水沟，保证路基无积水。

(二) 轨道行走式塔式起重机轨道敷设应符合下列要求：

(1) 轨道应通过垫块与轨枕可靠地连接，每间隔 6m 应设一个轨距拉杆。钢轨接头处应有轨枕支承，不应悬空。在使用过程中轨道不应移动；

(2) 轨距允许误差不大于公称值的 1/1000，其绝对值不大于 6mm；

(3) 钢轨接头间隙不大于 4mm，与另一侧钢轨接头的错开距离不小于 1.5m，接头处两轨顶高度差不大于 2mm；

(4) 塔式起重机安装后，轨道顶面纵、横方向上的倾斜度，对于上回转塔式起重机应不大于 3/1000；对于下回转塔式起重机应不大于 5/1000。在轨道全程中，轨道顶面任意两点的高度差应小于 100mm；

(5) 轨道行程两端的轨顶高度宜不低于其余部位中最高点的轨顶高度。

三、辅助起重设备的选择

塔式起重机安装拆卸过程中一般采用汽车起重机作为辅助起重设备。选择辅助起重设备时要综合考虑其起升高度、幅度和起重量等性能参数，以满足塔式起重机安装拆卸作业时要求。在进行安装拆卸作业前，应根据塔式起重机安装拆卸场地的情况，选择辅助起重设备有利的工作位置。塔式起重机拆卸时，自升式塔式起重机应先自行降节，使塔式起重机降至最低位置，然后选用辅助起重设备拆除。

辅助起重设备设置的位置应能满足塔式起重机相应零部件的质量、距离及拆卸后堆放位置的要求。

辅助起重设备固定在建筑物屋面上时建筑物屋面的承载能

力应满足辅助起重设备的要求。固定在建筑物的锚固点预埋件应能承受辅助起重设备在工作和非工作状态时的支承力。

第六节　掌握塔式起重机的安装、顶升、附着和拆卸作业安全操作及技术要求

一、安全操作要求

（1）进入施工现场的作业人员必须正确佩戴安全帽、防滑鞋、安全带等防护用品，无关人员严禁进入作业区域内。在安装、拆卸作业期间，应设警戒区。

（2）拆装人员在每次拆装作业前，必须了解自己所作业的岗位、内容及要求。必须了解所拆装塔式起重机的机械性能，熟知塔式起重机拼装或解体各拆装部件相连接处所采用的连接形式和所使用的连接件的尺寸、规定及要求。了解每个拆装部件的质量和吊点位置。必须详细了解并严格按照说明书中所规定的安装、拆卸的程序进行作业，严禁对产品说明书中规定的拆装程序做任何改动。

（3）必须对所使用的辅助机械设备和工具的性能及操作规程有全面了解，作业过程中严格按规定使用。

（4）安装拆卸作业应根据专项施工方案要求实施，安装作业应职责清晰，分工明确，定人定岗。

（5）安装作业中应统一指挥，明确指挥信号。当视线受阻、距离过远等致使指挥信号传递困难时，应采用对讲机或多级指挥等有效的措施进行指挥。

（6）在高处作业时，摆放小件物品和工具时不可随手乱放，工具应放入工具筐中或工具袋内，严禁从高空投掷工具和物件。

（7）在风速达到 9.0m/s 及以上或大雨、大雪、大雾等恶

劣天气时，严禁进行建筑起重机械的安装拆卸作业。

（8）小车变幅的塔式起重机在起重臂组装完毕准备吊装之前，应检查起重臂的连接销轴、安装定位板等是否连接牢固、可靠。当起重臂的连接销轴轴端采用焊接挡板时，应在锤击安装销轴后，检查轴端挡板的焊缝是否正常。

（9）塔式起重机不宜在夜间进行安装作业；当需在夜间进行塔式起重机安装和拆卸作业时，应保证提供足够的照明。

（10）当遇特殊情况安装作业不能连续进行时，必须将已安装的部位固定牢靠并达到安全状态，经检查确认无隐患后，方可停止作业。

（11）吊装作业时，起重臂和重物下方严禁有人停留、工作或通过。吊运重物时，严禁从人上方通过。严禁用起重机吊运人员。

（12）作业人员须精力集中，严禁带病和酒后作业。

（13）塔身附着处与附着杆存在一定相互作用力，当拆除附着杆与建筑物的连接时，可能会产生回弹存在碰撞人或物的危险。因此拆除附着杆前作业人员必须提前选择安全的操作位置，正确系挂安全带，避免产生意外。

（14）安装拆卸完毕后，应及时清理施工现场的辅助用具和杂物。

二、安全技术要求

（1）连接件及其防松防脱件严禁用其他代用品代用。连接件及其防松防脱件应使用力矩扳手或专用工具紧固。

（2）塔式起重机的安全装置必须齐全，并应按程序进行调试合格。

（3）对于有润滑要求的螺栓，必须按说明书的要求，按规定的时间，用规定的润滑剂润滑。

（4）作业前，必须对所使用的钢丝绳、链条、卡环、吊钩、板钩、耳钩等各种吊具、索具按有关规定做认真检查。检查合格后方可使用，使用时不得超载。

（5）起重作业中，不允许把钢丝绳和链条等不同种类的索具混合用于一个重物的捆扎或吊运。

（6）在安装或拆卸塔式起重机时，严禁只单独拆装平衡臂或起重臂就中断作业。

（7）在紧固要求有预紧力的螺栓时，必须使用专门的工具，将螺栓准确地紧固到规定的预紧力值。

（8）塔式起重机各部件之间的连接销轴、螺栓、轴端卡板和开口销等，必须使用塔式起重机生产厂家提供的专用件，不得随意代用。各销轴、螺栓、轴端卡板和开口销安装不可缺失、漏装。

（9）高强螺栓、销轴等主要受力连接件不得焊接。

（10）塔式起重机的独立高度应符合使用说明书的要求。当塔式起重机需安装、拆卸附着时，附着装置的设置和自由端的高度应符合使用说明书的要求。附着装置拆除后，其最高附着以上塔身高度不得高于说明书规定值；当只有一道附着时，应先降节至附着拆除后塔式起重机处于独立高度以内，再拆卸附着装置。

（11）各道附着装置所在平面与水平面夹角不得超过10°。

（12）塔式起重机顶升前，塔式起重机下支座与顶升套架应可靠连接，应确保顶升横梁搁置正确。顶升过程中严禁进行起升、回转、变幅等操作。引进或推出标准节时，塔身必须与回转下支座牢固、可靠连接。

（13）附着装置拆卸时，应先拆附着杆，再拆附着框。

（14）塔式起重机安装后，在空载、风速不大于3m/s状态下，独立状态塔身（或附着状态下最高附着点以上塔身）轴心线的侧向垂直度允许偏差不应大于4/1000，最高附着点以下塔身轴心线的垂直度允许偏差不应大于2/1000。

（15）禁止擅自在建筑起重机械上安装非原制造厂制造的标准节和附着装置。

（16）当塔式起重机安装有安全监控系统时，该系统应具有对塔式起重机的起重量、起重力矩、起升高度、幅度、回转角度、运行行程信息进行实时监视和数据存储功能。当塔式起重机有运行危险趋势时，塔式起重机控制回路电源应能自动切断。在既有塔式起重机升级加装安全监控系统时，严禁损伤塔式起重机受力结构。在既有塔式起重机升级加装安全监控系统时，不得改变塔式起重机原有安全装置及电气控制系统的功能和性能。

第七节　掌握塔式起重机的安装作业程序

一、塔式起重机安装的一般程序

（一）上回转固定自升式塔式起重机安装程序

（1）安装底架或基础节；

（2）安装标准节（加强节）和顶升套架总成；

（3）安装回转总成、司机室；

（4）安装塔顶；

（5）安装平衡臂、部分平衡重；

（6）安装起重臂；

（7）安装其余平衡重；

（8）穿绕钢丝绳；

（9）接通电气设备；

（10）试运转，调试；

（11）顶升加节；

（12）安装附着装置。

（二）轨道行走式塔式起重机

（1）处理轨道基础；

（2）制作混凝土基础或敷设路基箱及轨道；

（3）安装行走台车、底架和压重；

（4）安装标准节（加强节）、塔顶、平衡臂、起重臂及顶升加节等安装程序同上回转固定自升式塔式起重机。

二、上回转非平头塔式起重机主要结构的安装要求

（一）底架、基础节、标准节（加强节）的安装

（1）底架、基础节安装的基础表面的平整度允许偏差不得大于1/1000；

（2）安装标准节（有加强节的先按说明书要求安装加强节），同时用经纬仪双向测量塔身垂直度，垂直度应控制在4/1000以内。若标准节间用螺栓连接，紧固标准节连接螺栓，高强度螺栓需达到规定的预紧力矩要求。

（二）顶升套架的安装

自升式塔式起重机顶升套架安装时应注意顶升方向与标准节一致。

（三）回转总成的安装

回转总成包括下支座、回转支承、上支座、回转机构四个部分。回转下支座与塔身连接，上支座与过渡节或塔顶连接。安装回转总成时，应采用满足回转总成质量的吊索具，起吊时，吊索具固定在回转总成专用的吊耳或吊点处，把吊起的回转总成安装在标准节上。自升式塔式起重机顶升作业的引进梁设置在回转下支座时，需将引进梁就位并固定。

（四）驾驶室的安装

将驾驶室安装在回转上支座上，用销轴和螺栓紧固。也可先将驾驶室安装在回转上支座上，再与回转总成同时起吊安装

于塔身。

（五）塔顶的安装

将塔顶的平台、护栏固定就位，并将平衡臂、起重臂拉杆的吊杆锁定在塔顶头部。将起升转角滑轮固定在塔顶设定位置处。吊起塔顶总成对准安装位置用销轴或螺栓固定在回转上支座上。

（六）平衡臂的安装

（1）在地面先组装平衡臂上的起升机构、护栏、平衡重定位销、拉杆和辅助吊具及配电箱等，并全部紧固、捆绑牢固。

（2）接上回转机构临时电源，将回转支承以上部分回转到便于安装平衡臂的方位。

（3）穿好吊索具，在臂架端部拴挂牵引绳，以便起升安装导向用；吊起平衡臂，直到能用销轴将平衡臂销定在塔顶根部或回转上支座上，然后继续提升平衡臂，以便将平衡臂拉杆与塔顶上方的拉杆相连接，并用销轴连接好。拉杆连接后，放下平衡臂，拉紧拉杆，拆除牵引绳，接通起升机构工作电源。

（七）平衡重的安装

为了避免产生过大的前倾力矩，在起重臂安装前，应根据说明书规定安装一块（或数块）平衡重。平衡重安装位置应严格按安装方案要求进行，不得随意改变安装顺序和数量。

（八）起重臂的安装

（1）起重臂的长度应按施工方案规定长度进行配置；

（2）起重臂先在地面组装，部件包括拉杆（单根或双根）、小车变幅机构、带有滑轮组的小车、起升钢丝绳的转角滑轮、小车变幅钢丝绳（小车变幅钢丝绳的两端头从变幅卷扬机引出分别固定在起升小车的两侧指定位置上）等部件；

（3）检查小车运行的缓冲器止挡装置是否可靠，起重臂连接销轴安装是否正确可靠，起重臂组装经检查符合要求后方可进行吊装；

（4）使用专用吊索具，在安装方案确定的节点处拴挂索具，如方案未标明吊点位置，可在地面试吊，确定合理吊点，并做上记号及记录，以便拆卸时使用；

（5）起重臂吊索长度应考虑安装拉杆时，拉杆拉直的空间，一般离上弦杆 4m 左右。同时在起重臂两端装上牵引绳，以便于起重臂从地面至安装位置的牵引导向；

（6）开始起吊起重臂，将起重臂吊至铰点高度，起重臂根部与塔顶根部销座或回转上支座的连接销座相配合，用销轴连接锁定。起重臂根部定位时，因在空中作业，销轴孔的对准有一定难度，所以作业时可先对准一个销轴孔，用辅助轴棒临时固定，再对准另一端用销轴固定，然后把原来一端的辅助轴棒抽出，也用销轴固定；

（7）起重臂销轴定位后，继续提升起重臂，先将后拉杆与塔顶顶端的起重臂吊杆连接定位，然后利用安装在平衡臂上的起升机构，将起升钢丝绳通过塔顶顶部滑轮，把前拉杆安装至塔顶顶部的连接座，最后用销轴固定好起重臂。

（九）剩余平衡重的安装

起重臂安装后，必须将平衡重按说明书要求安装并固定牢固。

（十）穿绕起升钢丝绳

图 2-7-1 所示，为单变幅小车四倍率起升机构钢丝绳穿绕示意图。

穿绕起升钢丝绳的步骤如下：

（1）起升钢丝绳从起升卷筒经排绳（导绳器）滑轮，向上通过塔顶上导向滑轮，向下至起重臂根部滑轮（起重量限制器滑轮），穿入变幅小车的滑轮（此时安装人员站在小车挂篮上）；

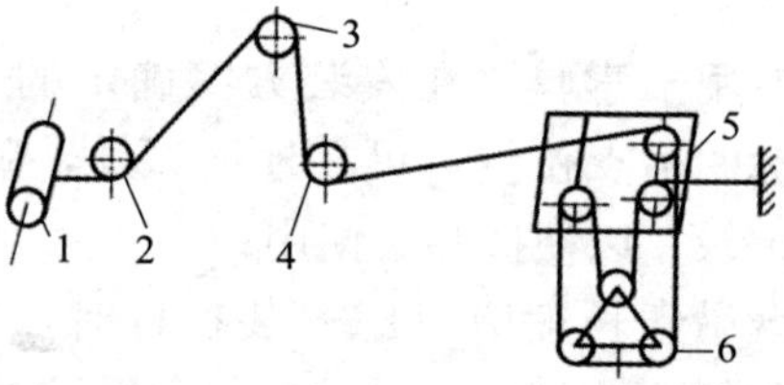

图 2-7-1 起升机构钢丝绳穿绕示意图

1—起升卷扬机；2—排绳滑轮；3—塔顶导向轮；4—起重臂根部导向滑轮；5—变幅小车滑轮组；6—吊钩滑轮组

（2）在起升钢丝绳端部处绑扎一根辅助绳，将起升钢丝绳拉至地面吊钩处，在地面上将起升钢丝绳穿过吊钩底部两滑轮；

（3）用辅助绳拉起钢丝绳再穿入变幅小车靠起重臂根部的滑轮，将起升钢丝绳向下拉至吊钩处，穿过吊钩上部滑轮，再向上拉穿入变幅小车靠起重臂端部的滑轮，让钢丝绳留出足够余量，接上变幅机构临时电源，操纵小车变幅机构，将变幅小车停至起重臂端部，起升钢丝绳按说明书要求固定在起重臂端部。

安装后应检查起升钢丝绳通过所有滑轮的位置是否正确，保证起升钢丝绳在运行时无阻碍。

（十一）试运转、调试

接通电源，进行试运转。检查各行程限位器的动作准确性和可靠性；试验各安全装置的精度和灵敏度；试运转各机构运转正常；启动、制动性能良好；各限位装置正确、灵敏、可靠；各安全装置有效、可靠；机况符合要求，方可进行顶升加节。

试运转调试正常后，进行自检。

（十二）塔式起重机附着的安装及拆卸

（1）当塔式起重机安装高度需超过使用说明书规定的最大

独立高度时，必须安装附着装置，附着点设置及附着高度应符合说明书要求。安装附着装置前，应检查附着框、附着杆、预埋件、连接件和塔式起重机状况，附着点的强度必须达到使用说明书要求，并具有隐蔽工程验收单，合格后方可进行安装。

（2）用塔式起重机吊起附着框，在塔身上进行拼装，用销轴和螺栓固定好。附着框应设在塔身标准节水平腹杆附近，附着框的撑杆应在同一水平面。

（3）用塔式起重机吊起附着杆，把附着杆的两端分别与附着框和建筑物预埋件用销轴或螺栓连接固定。

（4）调节附着杆的调节螺杆，使附着杆达到适宜的长度，以确保塔式起重机垂直度。调整时必须随时测量塔式起重机垂直度，附着装置以下的塔身垂直度需控制在 2/1000 以内，最高附着装置以上的塔身垂直度需控制在 4/1000 以内。

（5）锚固后检查附着框与塔身、附着杆连接情况，合格后方可使用。

（十三）顶升加节

顶升套架上的导向滚轮与标准节的间隙应保证在 2～5mm 之间。

（1）顶升前，必须对液压系统（泵、顶升油缸、油管、平衡阀、换向阀、压力表、油箱等）、顶升套架、挂靴爬爪、防脱装置、导向装置、电缆等部件进行认真细致的检查。

（2）在顶升前，必须将上部结构自重产生的力矩调整平衡。其方法是调节变幅小车在吊臂上的位置或吊载重物，使顶升或拆卸时上部结构的重心处于油缸支承部位。

（3）顶升前，塔式起重机下支座与顶升套架应可靠连接，应确保顶升横梁搁置正确。

（4）顶升过程中，应确保塔式起重机的平衡，必须有专人指挥，专人照看电源，专人操作液压系统，专人装拆螺栓或销轴，专人负责安全监护，非作业人员不得登上顶升套架的操作平台。

（5）顶升过程中，司机要严禁随意操作，不得进行起升、回转、变幅等操作。

（6）顶升作业时，要特别注意锁紧防脱销轴；对新就位的标准节，与下部标准节和上部下支座的连接要及时，并连接牢固。

（7）引进或推出标准节时，塔身必须与回转下支座牢固、可靠连接。

（8）顶升结束后，应将标准节与回转下支座可靠连接；

（9）在顶升加节过程中，塔身的垂直度应双向测量；

（10）加节后需进行附着的，应按照先装附着装置后顶升加节的顺序进行，附着装置的位置和支承点的强度应符合要求。

三、不同结构塔式起重机的安装区别

塔式起重机的结构不同其安装程序也不完全相同。

（一）小车变幅式自升塔式起重机（塔顶式）

在安装好塔身和顶升套架后，先安装回转部分（包括回转支承和上、下支座等）和塔顶，再分别安装平衡臂和起重臂。

（二）动臂式自升塔式起重机

动臂式自升塔式起重机尾部回转半径较小，有的把平衡臂与回转支座做成一体，组成回转平台一起安装。其起重臂则用辅助起重设备吊起，将臂根与转台连接，在穿绕变幅钢丝绳滑轮组后可用自身的变幅卷扬机拉起来。

顶升、降节过程中需进行顶升平衡，起重臂与水平面之间须保持固定夹角，夹角须严格参照说明书执行，顶升、降节过程中起重臂不可变幅。

（三）平头式塔式起重机

一种是起重臂、平衡臂均与塔头固接；另一种是把平衡臂与回转支座铰接，再用拉杆连接平衡臂与塔头，如图 2-7-2 所示。在进行安装时，对于平头塔式起重机，其安装方法和非平头塔式起重机基本相同，其主要区别在起重臂的安装。

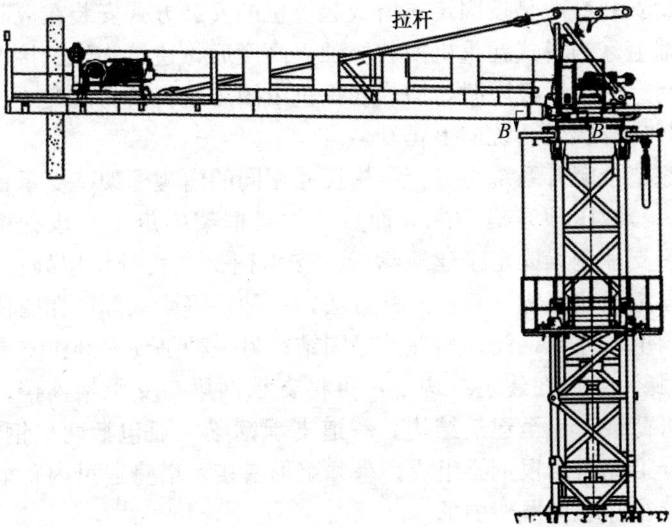

图 2-7-2　平衡臂与回转支座铰接的平头式塔式起重机

1. 整体组拼吊装方法

整体组拼吊装方法安装时，与非平头塔式起重机一样，先将臂节沿直线按说明书要求的组装顺序平铺在地面上，顺次采用销轴将臂节逐个连接，最后整体吊装。

2. 逐节吊装方法

逐节吊装安装前，先将载重小车套在首节起重臂下弦杆的导轨上，并尽量移至起重臂根部临时固定。然后依次安装起重臂第一节、第二节、第三节，并应按说明书要求，在逐渐增加安装起重臂节数后，相应增加平衡臂节数及平衡重块的数量。以上两种吊装起重臂方法，具体采用哪种必须严格按照说明书要求执行。

（四）内爬式塔式起重机

内爬式塔式起重机能随着建筑施工的进程在建筑物内部向上爬升，其塔身一般置于建筑物的电梯井、核心筒和楼层内。初始安装一般是按固定式塔式起重机的安装方式安装在混凝土基础上。当塔式起重机安装至独立高度后，建筑物施工接近塔式起重机吊运极限时，塔式起重机由固定式转换为内爬式，利用其自身爬升系统向上爬升。

整个爬升系统由三套结构尺寸相同的内爬框架、支承钢梁及一套液压顶升机构配套而成。内爬框架固定于支承钢梁上面，支承钢梁固定于建筑物内。支承钢梁在爬升楼层处预设，其固定于建筑物一般有两种方法，一种是钢梁端部穿在墙体预留洞里，并与钢筋、预埋件等固结；另一种是预先制作支承架（牛腿）悬挑在建筑结构上，再将支承钢梁与支承架连接，继而将荷载传递至建筑结构。一道支承钢梁一般包括两根钢梁，部分工况由四根钢梁组成，呈井字形搭接，塔身通过内爬框架安装在井字形框架中部。

三套内爬框架中，底部框架主要承载垂直荷载，中部框架承载等效水平荷载，这样构成一个稳定的支承塔身体系。爬升时，先使塔式起重机的上部重心调至说明书规定位置，在中部框架以上预定位置安装上部框架，松开中、上部框架夹持塔身的装置，用安装于塔身中部框架位置的爬升部件和液压顶升机构将塔式起重机升高，当塔身基础节到达中部框架后，中部框架即变为底部框架，支承住塔身底部，承受荷载由等效水平荷载变为垂直荷载；上部框架则变为中部框架，将塔身夹持住，承载等效水平荷载。根据工程进度，在适当时间将原底部框架移至上部楼层内成为上部框架。如此循环往复将塔式起重机向上爬升（图 2-7-3）。

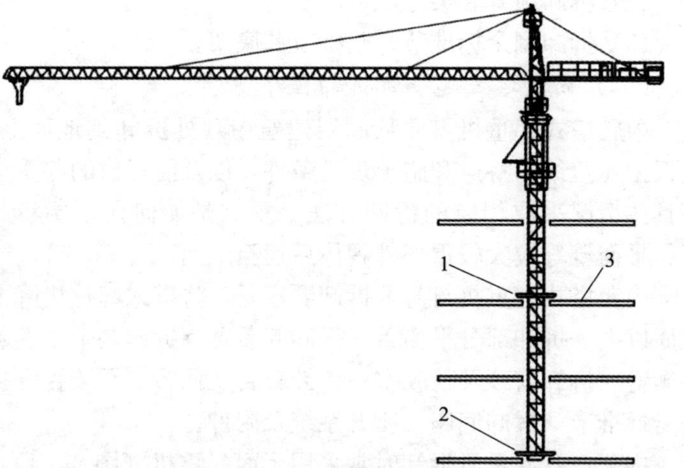

图 2-7-3　内爬塔式起重机示意图

1—中部框架；2—底部框架；3—建筑结构

第八节　掌握塔式起重机的拆除作业程序

（一）上回转固定自升式塔式起重机拆卸程序

塔式起重机的拆卸是安装的逆向过程，拆卸应遵循“自上而下、先装后拆、后装先拆”的顺序进行。

塔式起重机的拆卸一般步骤如下：

（1）将塔式起重机降节至指定高度；

（2）拆除吊钩，卷起起升钢丝绳；

（3）拆卸部分平衡重，剩余平衡重按说明书要求配置；

（4）拆卸起重臂；

（5）拆卸剩余平衡重和平衡臂总成；

（6）拆卸平衡臂；

（7）拆卸塔顶、驾驶室、回转总成；

（8）拆卸顶升套架总成；

（9）拆卸剩余标准节、基础节和底架。

（二）内爬塔式起重机拆卸程序

内爬塔式起重机需要从高层建筑屋顶处拆卸到地面上时，应根据建筑结构特点和施工现场条件，以及能提供的起重设备等具体情况采取相应的拆卸方法。重点是如何在顶层将起重臂、平衡臂等较大较重部件解体后运至地面。

内爬塔式起重机自身的拆卸顺序是：将塔式起重机降节至屋面以上→拆卸部分平衡重→拆卸起重臂→拆卸剩余平衡重及平衡臂→拆卸塔顶及驾驶室→拆卸转台及回转支承装置→拆卸塔身标准节→拆卸底座、爬升系统及附件。

内爬塔式起重机拆卸时常采用屋面起重机（图 2-8-1）、桅杆起重机（扒杆）等作为拆卸内爬塔式起重机的辅助起重设备。

图 2-8-1　某类型的屋面起重机

拆卸方法是：利用内爬塔式起重机在屋面安装一台中型屋面起重机→中型屋面起重机拆卸内爬塔式起重机→中型屋面起

重机安装小型屋面起重机→小型屋面起重机拆卸中型屋面起重机→安装桅杆起重机→桅杆起重机拆卸小型屋面起重机至屋面解体，通过施工升降机将其零部件运输至地面→人工拆除桅杆起重机。

第九节　掌握关键部件的安装及使用要求

一、销轴连接

在塔式起重机事故中因塔式起重机销轴脱落造成的事故占有很大比例，造成销轴脱落的因素主要有结构因素和安装因素。因此，在安装时，应正确安装，认真检查。

（一）螺栓固定轴端挡板形式

此种形式固定螺栓容易产生拧折、拧断或螺纹滑牙，使固定螺栓失效，容易造成销轴脱落。因此在销轴固定轴端挡板的安装中应注意，当发现连接螺栓有损坏或螺栓孔脱扣时一定要修复后才能继续安装。

（二）轴端挡板焊接形式

此种形式在安装过程中锤击销轴时，容易把轴端挡板的焊缝打裂。原因有以下两方面：

（1）销轴偏转会使轴端撞击轴端挡板，使焊缝产生裂纹。

（2）销轴已安装到位，再继续锤击，使焊缝受损。

因此在安装过程中必须细致操作，如图 2-9-1 所示。

二、高强螺栓连接

高强度螺栓是塔式起重机塔身、塔顶等部位连接的重要部件，所以在塔式起重机装拆时必须高度重视，保证高强度螺栓预紧力，安装时要注意以下问题：

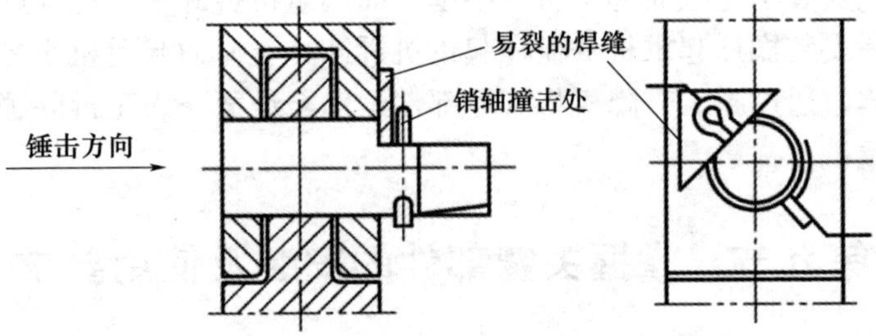

图 2-9-1　焊接轴端挡板及焊缝

（1）螺栓孔端面要平整；

（2）连接表面应清除灰尘、油漆、油迹和锈蚀；

（3）螺纹及螺母端面等处需涂抹黄油；

（4）安装时应使用扭力扳手或专用扳手；

（5）当使用说明书有使用次数要求时，应严格执行。

三、销轴开口销的固定

开口销的设置不规范主要有以下情形：

（1）漏装开口销；

（2）开口销未开口或开口度不够，如图 2-9-2（a）、图 2-9-2（b）所示；

（3）开口销以小代大；

（4）用钢丝、焊条等替代开口销；

（5）开口销锈蚀严重。

由于开口销的强度或替代品的强度达不到要求，开口销在销轴的轴向力作用下，开口销往往会剪断。未开口或开口度不够的开口销在使用过程中容易掉落，没有开口销的销轴在使用中会自行脱离，这样就会引起折臂的重大事故。因此，应高度重视销轴开口销的安装，正确安装开口销，正确的做法如图 2-9-2（c）、图 2-9-2（d）。

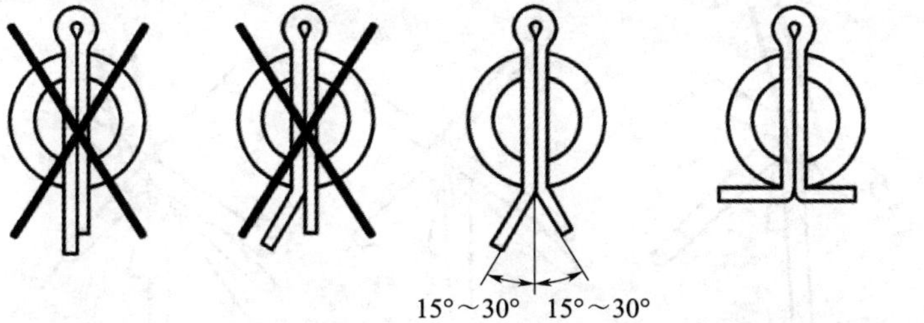

图 2-9-2　开口销的安装

四、不同截面标准节的安装

有些塔式起重机的塔身标准节根据杆件的强度不同，分为两种或两种以上的规格，不同规格的标准节外形几乎一样，仅是主弦杆壁厚不同，在外观上不易分清。塔式起重机使用高度确定后，安装和加节时要按使用说明书的要求，确定塔身上标准节的具体型号标志，决不能混淆。

五、不同臂长平衡重的配置

对于可以变换臂长的塔式起重机，其平衡重的质量是随臂长不同而变化的，安装时要按使用说明书规定的平衡重块的数量、规格和位置准确安装。平衡重块安装位置不正确会造成起重臂与平衡臂平衡力矩偏差过大，容易造成塔式起重机失稳。

六、吊点位置的确定

塔式起重机的大型部件的吊点位置一定要符合说明书的要求。吊点位置的确定如图 2-9-3 所示。对使用说明书未标注吊点位置的，吊装结构件吊点的确定应注意两方面：

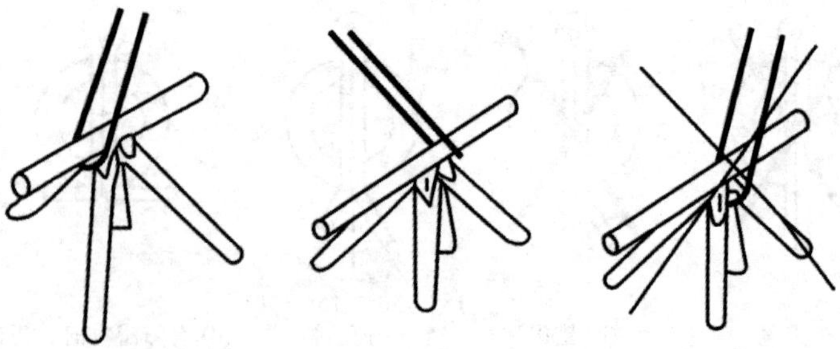

图 2-9-3　吊装起重臂时吊点位置设置

（1）被吊装结构件的平衡。对长形结构件，如起重臂、平衡臂，可在地面试吊，确定合理吊点。

（2）吊点处的结构强度和吊索连接的牢固。如果吊点强度不够会破坏结构件，个别严重的情况会造成整个结构件破坏。吊索在吊点处不得有滑移和脱落，一般吊索应连接在被吊装结构的节点上，不得连接在主弦杆中部和腹杆上。吊索与物件棱角之间应加垫块。

七、吊索具的安装使用

吊具与索具应与吊重种类、吊运具体要求以及环境条件相适应。作业前应对吊具与索具进行检查，当确认完好时方可投入使用。吊具承载时不得超过额定起重量，吊索（含各分肢）不得超过安全工作荷载。塔式起重机吊钩的吊点，应与吊重重心在同一条铅垂线上，使吊重处于稳定平衡状态。

新购置或修复的吊具、索具，应进行检查，确认合格后方可使用。吊具、索具在每次使用前应进行检查，经检查确认符合要求后方可继续使用。当发现有缺陷时，应停止使用。

吊具与索具每 6 个月应进行一次检查，并应作好记录。检验记录应作为继续使用、维修或报废的依据。

钢丝绳作吊索时，其安全系数不得小于6倍。

当钢丝绳的端部采用编结固接时，编结部分的长度不得小于钢丝绳直径的20倍，并不应小于300mm，插接绳股应拉紧，凸出部分应光滑平整，且应在插接末尾留出适当长度，用金属丝扎牢，钢丝绳插接方法宜符合相关标准要求。用其他方法插接的，应保证其插接连接强度不小于该绳最小破断拉力的75%。

当采用绳夹固接时，钢丝绳固结绳夹最少数量应满足表2-9-1的要求。

表2-9-1　钢丝绳固结绳夹数量

钢丝绳公称直径 d（mm）	$d \leqslant 18$	$18 < d \leqslant 26$	$26 < d \leqslant 36$	$36 < d \leqslant 44$	$44 < d \leqslant 60$
绳夹最少数量	3	4	5	6	7

钢丝绳夹压板应在钢丝绳受力绳一边，绳夹间距不应小于钢丝绳直径的6倍。所有绳夹座必须安装在钢丝绳工作时受力的一侧，U形螺栓扣在钢丝绳的自由端上，不得一正一反交替布置。每个绳夹以拧紧至绳夹内钢丝绳压扁1/3为标准，如钢丝绳受力产生变形时，要对绳夹进行二次拧紧。

起吊重要设备时为便于检查钢丝绳松紧，可在绳头尾部加一安全弯。

吊索必须由整根钢丝绳制成，中间不得有接头。环形吊索应只允许有一处接头。当采用两点或多点起吊时，吊索数宜与吊点数相符，且各根吊索的材质、结构尺寸、索眼端部固定连接、端部配件等性能应相同。

钢丝绳严禁采用打结方式系结吊物。

当吊索弯折曲率半径小于钢丝绳公称直径的2倍时，应采用卸扣将吊索与吊点栓结。卸扣应无明显变形、可见裂纹和弧焊痕迹。销轴螺纹应无损伤现象。卸扣必须是锻造的，不能使用铸造和补焊的卸扣。使用时不得超过规定的荷载，应使销轴与扣顶受力，不能横向受力。横向使用会造成扣体变形。

第十节 掌握塔式起重机安全装置的调试

塔式起重机结构安装完毕后，安装人员应根据制造厂的使用说明书要求，分步骤仔细调试安全装置，以确保塔式起重机的安全使用。调试如有疑问应及时向厂方咨询，不能自作主张。

一、超载保护装置的调试

（一）起重量限制器的调试

起重量限制器在塔式起重机出厂前都已经按照机型进行了调试及整定，与实际工况的荷载不符时需要重新调试，调试后要反复试吊重块三次以上确保无误后方可进行作业。拉力环式起重量限制器调试示意图如图 2-10-1 所示。

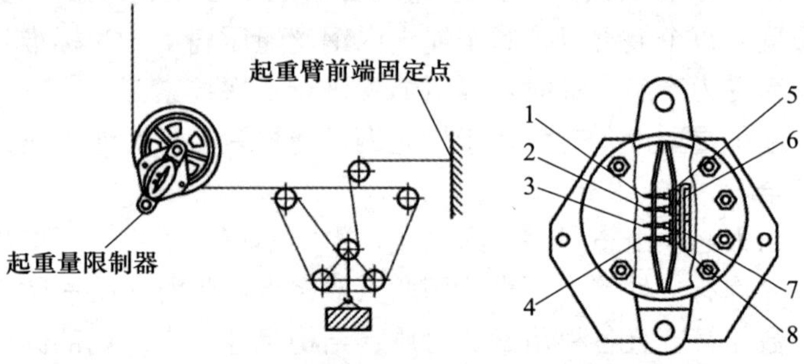

图 2-10-1 拉力环式起重量限制器调试示意图

1、2、3、4—螺钉调整装置；5、6、7、8—微动开关

塔式起重机上使用较多的起重量限制器为拉力环式，以某最大起重量 6t 的 QTZ63 型塔式起重机起重量限制器为例，其

调试方法如下：

（1）当起重吊钩为空载时，用小螺丝刀，分别压下微动开关5、6、7，确认各挡微动开关是否灵敏可靠。

① 微动开关5为高速挡质量限制开关，压下该开关，高速挡上升与下降的工作电源均被切断，且联动台上指示灯闪亮显示；

② 微动开关6为90％最大额定起重量限制开关，压下该开关，联动台上蜂鸣报警；

③ 微动开关7为最大额定起重量限制开关，压下该开关，低速挡上升的工作电源被切断，起重吊钩只可以低速下降，且联动台上指示灯闪亮显示。

（2）工作幅度小于13m（即最大额定起重量所允许的幅度范围内），起重量1500kg（2倍率）或3000kg（4倍率），起吊重物离地0.5m，调整螺钉1至使微动开关5瞬时换接，拧紧螺钉1上的紧固螺母。

（3）工作幅度小于13m，起重量2700kg（2倍率）或5400kg（4倍率）；起吊重物离地0.5m，调整螺钉2至使微动开关6瞬时换接，拧紧螺钉2上的紧固螺母。

（4）工作幅度小于13m，起重量3000kg（2倍率）或6000kg（4倍率）；起吊重物离地0.5m，调整螺钉3至使微动开关7瞬时换接，拧紧螺钉3上的紧固螺母。

（5）各挡质量限制调定后，均应试吊2～3次检验或修正，各挡允许质量限制偏差为额定起重量的±5％。

（6）小车变幅式塔式起重机弓板式力矩限制器的调试如图2-10-2所示。

以某QTZ63型塔式起重机弓板式力矩限制器为例，其调试方法如下：

（1）当起重吊钩为空载时，用螺丝刀分别压下行程开关1、2和3，确认三个开关是否灵敏可靠：

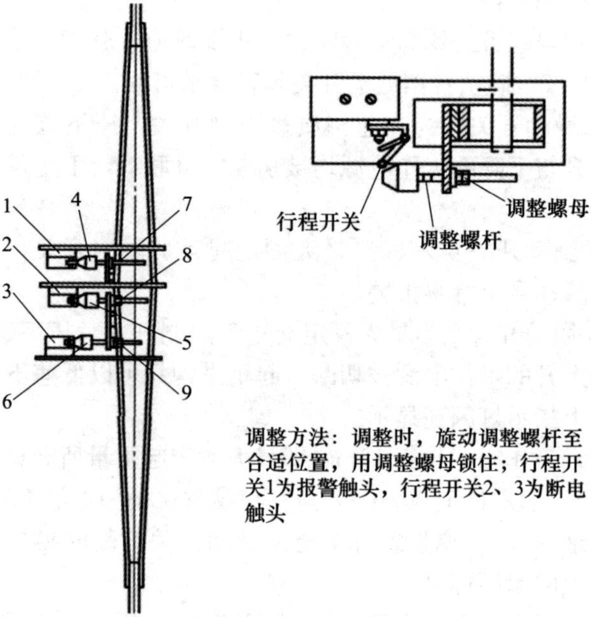

图 2-10-2　弓板式力矩限制器调试示意图

1、2、3—行程开关；4、5、6—调整螺杆；7、8、9—调整螺母

① 行程开关 1 为 80％额定力矩的限制开关，压下该开关，联动台上蜂鸣报警；

② 行程开关 2、3 为额定力矩的限制开关，压下该开关，起升机构上升和变幅机构向前的工作电源均被切断，起重吊钩只可下降，变幅小车只可向后运行，且联动台上指示灯闪亮、蜂鸣持续报警。

（2）调整时吊钩采用四倍率和独立高度 40m 以下，起吊重物稍离地面，小车能够运行即可。

（3）工作幅度 50m 臂长时，小车运行至 25m 幅度处，起吊质量为 2290kg，起吊重物离地，塔式起重机平稳后，调整与行程开关 1 相对应的调整螺杆 4 至行程开关 1 瞬时换接，拧紧相应的调整螺母 7。

（4）按定幅变码调整力矩限制器，调整行程开关 2：

① 在最大工作幅度 50m 处，起吊质量 1430kg，起吊重物离地塔式起重机平稳后，调整与行程开关 2 相对应的调整螺杆 5 至使行程开关 2 瞬时换接，并拧紧相应的调整螺母 8；

② 在 18.8m 处起吊 4200kg，平稳后逐渐增加至总质量小于 4620kg 时，应切断小车向外和吊钩上升的电源；若不能断电，则重新在最大幅度处调整行程开关 2，确保在两工作幅度处的相应额定起重量不超过 10%。

（5）按定码变幅调整力矩限制器，调整行程开关 3：

① 在 13.72m 的工作幅度处，起吊 6000kg（最大额定起重量）；小车向外变幅至 14.4m 的工作幅度时，起吊重物离地，塔式起重机平稳后，调整与行程开关 3 相对应的调整螺杆 6 至使行程开关 3 瞬时换接，并拧紧相应的调整螺母 9；

② 在工作幅度 38.7m 处，起吊 1800kg，小车向外变幅至 42.57m 以内时，应切断小车向外和吊钩上升的电源；若不能断电，则在 14.4m 处起吊 6000kg，重新调整力矩限制器行程开关 3，确保两额定起重量相应的工作幅度不超过 10%。

（6）各幅度处的允许力矩限制偏差计算式为：

① 80%额定力矩限制允许偏差：［1－额定起重量×报警时小车所在幅度/（0.80×额定起重量×选择幅度）］≤5%；

② 额定力矩限制允许偏差：［1－额定起重量×电源被切断后小车所在幅度/（1.05×额定起重量×选择幅度）］≤5%。

（二）限位装置的调试

某 QTZ63 型塔式起重机上所使用的多功能限位器调试方法如下：

根据需要将被控制机构动作所对应的微动开关瞬时切换。即调整对应的调整轴 Z 使记忆凸轮 T 压下微动 WK 触点，实现电路切换。其调整轴对应的记忆凸轮及微动开关分别为：

1Z-1T-1WK、2Z-2T-2WK、3Z-3T-3WK、4Z-4T-4WK，如图 2-10-3 所示。

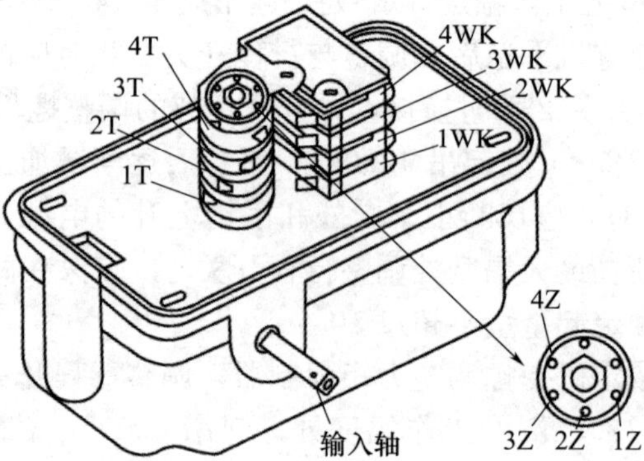

图 2-10-3　多功能行程限位器结构示意图

1T、2T、3T、4T—凸轮；1WK、2WK、3WK、4WK—微动开关；1Z、2Z、3Z、4Z—调整轴

1. 起升高（低）度限位器调试

（1）调整在空载下进行，分别压下微动开关（1WK、2WK），确认该两挡起升限位微动开关是否灵敏可靠。当压下与凸轮相对应的微动开关 2WK 时，快速上升工作挡电源被切断，起重吊钩只可低速上升；当压下与凸轮相对应的微动开关 1WK 时，上升工作挡电源均被切断，起重吊钩只可下降不可上升。

（2）将起重吊钩提升，使其顶部至小车底部垂直距离为 1.3m（2 倍率时）或 1m（4 倍率时），调动轴 2Z，使凸轮 2T 动作至使微开关 2WK 瞬时换接，拧紧螺母。

（3）低速将起重吊钩提升，使顶部至小车底部垂直距离为 1m（2 倍率时）或 0.7m（4 倍率时），调动轴 1Z，使凸轮 1T 动作至微动开关 1WK 瞬时换接，拧紧螺母。

（4）对两挡高度限位进行多次空载验证和修正。

（5）当起重吊钩滑轮组倍率变换时，高度限位器应重新调整。

2. 变幅限位器的调试

（1）调整在空载下进行，分别压下微动开关（1WK、2WK、3WK、4WK），确认该四挡变幅限位微动开关是否灵敏可靠。

① 当压下与凸轮相对应的微动开关2WK时，快速向前变幅的工作挡电源被切断，变幅小车只可以低速向前变幅；

② 当压下与凸轮相对应的微动开关1WK时，变幅小车向前变幅的工作挡电源均被切断，变幅小车只可向后，不可向前；

③ 当压下与凸轮相对应的微动开关3WK时，快速向后变幅的工作挡电源被切断，变幅小车只可以低速向后变幅；

④ 当压下与凸轮相对应的微动开关4WK时，变幅小车向后变幅的工作挡电源均被切断，变幅小车只可向前，不可向后。

（2）向前变幅及减速和臂端极限限位。

① 将小车开到距臂端缓冲器1.5m处，调整轴2Z使凸轮2T动作至使微动开关2WK瞬时换接，（调整时应同时使凸轮3T与2T重叠，以避免在制动前发生减速干扰），并拧紧螺母；

② 再将小车开至距臂端缓冲器200mm处，按程序调整轴1Z使凸轮1T动作至使微动开关1WK瞬时切换，并拧紧螺母。

（3）向后变幅及减速和臂根极限限位。

① 将小车开到距臂根缓冲器1.5m处，调整轴4Z使凸轮4T动作至使微动开关4WK瞬时换接（调整时应同时使凸轮3T与2T重叠，以避免在制动前发生减速干扰），并拧紧螺母；

② 再将小车开至距臂根缓冲器200mm处，按程序调整轴3Z使凸轮3T动作至使微动开关3WK瞬时切换，并拧紧螺母。

（4）对幅度限位进行多次空载验证和修正。

3. 回转限位器的调试

（1）将塔式起重机回转至电源主电缆不扭曲位置。

（2）调整在空载下进行，分别压下微动开关（2WK、3WK），确认控制向左或向右回转的这两个微动开关是否灵敏可靠。这两个微动开关均对应凸轮，分别控制左右两个方向的回转限位。

（3）向右回转540°，即一圈半，调动轴2Z（或3Z），使凸轮2T（或3T）动作至使微动开关2WK（或3WK）瞬时换接，拧紧螺母。

（4）向左回转1080°，即三圈，调动轴3Z（或2Z），使凸轮3T（或2T）动作至使微动开关3WK（或2WK）瞬时换接，拧紧螺母。

（5）对回转限位进行多次空载验证和修正。

4. 大车行走限位的调试

（1）将限位挡板固定，与限位触点对齐，并使行走限位触发时约距缓冲器2m。

（2）调整限位挡板使塔式起重机行走触发行走限位器后，停车位置距缓冲器距离不小于1m。

（3）行走限位开关置于轨道止挡装置之前2m左右，行走限位挡板应固定可靠，其高度和长度应能触发行走限位提前停车，不至于因惯性行走使大车碰到止挡装置。

第十一节　掌握塔式起重机安装自检的内容和方法

塔式起重机检验分为型式检验、出厂检验和安装检验。

一、型式检验

塔式起重机有下列情况之一时，应进行型式检验：

（1）新产品投产投放市场前；

（2）产品结构、材料或工艺有较大变动，可能影响产品性能和质量；

(3) 产品停产1年以上，恢复生产；

(4) 国家质量监督机构提出进行型式检验的要求。

二、出厂检验

产品交货，用户验收时应进行出厂检验（或称交收检验）；出厂检验通常在生产厂内进行，特殊情况可在供、需双方协议地点进行；出厂检验应提供检验报告。

三、安装检验

塔式起重机安装完毕后，安装单位应当按照安全技术标准及安装使用说明书的要求对塔式起重机进行自检、调试和试运转。

(1) 结构、机构和安全装置检验的主要内容与要求见表2-11-1。钢丝绳检查项见表2-11-2。

表2-11-1　塔式起重机安装自检表

工程名称		备案证号	
工程地址		出厂日期	
设备生产厂		安装单位	
工程地址		安装日期	

资料检查项

序号	检查项目	要求	结果	备注
1	隐蔽工程验收单和混凝土强度报告	齐全		
2	安装方案、安全交底记录	齐全		
3	塔式起重机转场保养作业单和新购设备的进场验收单	齐全		

续表

基础检查项

序号	检查项目	要求	结果	备注
1	地基允许承载能力（kN/m^2）	—	—	
2	基坑围护形式	—	—	
3	塔式起重机距坑边距离（m）	—	—	
4	基础下是否有管线、障碍物或不良地质	—	—	
5	排水措施（有、无）	—	—	
6	基础位置、标高及平整度			
7	行走式塔式起重机底架的水平度			
8	行走式塔式起重机导轨的水平度			
9	塔式起重机接地装置			
10	其他			

机械检查项

名称	序号	检查项目	要求	结果	备注
标识与环境	1	登记编号牌和产品标牌	齐全		
	2 *	塔式起重机与周围环境关系	尾部与建（构）筑物及施工设施之间的距离不小于 0.6m		
			两台塔式起重机之间的最小架设距离应保证处于低位塔式起重机的起重臂端部与另一塔式起重机的塔身之间的距离不得小于 2m；处于高位的塔式起重机的最低部件与低位塔式起重机中处于最高位置的部件之间的垂直距离不得小于 2m		
			与输电线路的距离应不小于现行《塔式起重机安全规程》(GB 5144）的规定		

续表

名称	序号	检查项目	要求	结果	备注
金属结构件	3*	主要结构件	无可见裂纹和明显变形		
	4	主要连接螺栓	齐全，规格和预紧力矩达到使用说明书要求		
	5	主要连接销轴	销轴符合出厂要求，连接可靠		
	6	过道、平台，栏杆、踏板	符合现行《塔式起重机安全规程》(GB 5144)的规定		
	7	梯子、护圈、休息平台	符合现行《塔式起重机安全规程》(GB 5144)的规定		
	8	附着装置	设置位置和附着距离符合方案规定，结构形式正确，附着装置与建筑物连接牢固		
	9	附着杆	无明显变形，焊接无裂纹		
	10	在空载，风速不大于3m/s状态下：独立状态塔身（或附着状态下最高附着点以上塔身）	塔身轴心线对支承面的垂直度≤4/1000		
	11	在空载，风速不大于3m/s状态下：附着状态下最高附着点以下塔身	塔身轴心线对支承面的垂直度≤2/1000		
	12	内爬式塔式起重机的爬升框与支承钢梁、支承钢梁与建筑结构之间连接	连接可靠		

续表

名称	序号	检查项目	要求	结果	备注
爬升与回转	13*	平衡阀或液压锁与油缸间连接	应设平衡阀或液压锁，且与油缸用硬管连接		
	14	爬升装置防脱功能	自升式塔式起重机在正常加节、降节作业时，应具有可靠的防止爬升装置在塔身支承中或油缸端头从其连接结构中自行（非人为操作）脱出的功能		
	15	回转限位器	对回转处不设集电器供电的塔式起重机，应设置正反两个方向回转限位开关，开关动作时臂架旋转角度应不大于±540°		
起升系统	16*	起重力矩限制器	灵敏可靠，限制值≤额定荷载110%，显示误差≤±5%		
	17*	起升高度限位器	对动臂变幅和小车变幅的塔式起重机，当吊钩装置顶部升至起重臂下端的最小距离为80cm处时，应能立即停止起升运动		
	18	起重量限制器	灵敏可靠，限制值≤额定荷载110%，显示误差≤±5%		
变幅系统	19	小车断绳保护装置	双向均应设置		
	20	小车断轴保护装置	应设置		
	21	小车变幅检修挂篮	连接可靠		
	22*	小车变幅限位和终端止挡装置	对小车变幅塔式起重机，应设置小车行程限位开关和终端缓冲装置。限位开关动作后应保证小车停车时其端部距缓冲装置最小距离20cm		
	23*	动臂式变幅限位和防臂架后翻装置	动臂变幅有最大和最小幅度限位器，限制范围符合使用说明书要求；防止臂架反弹后翻的装置牢固可靠		

续表

名称	序号	检查项目	要求	结果	备注
机构及零部件	24	吊钩	钩体无裂纹、磨损、补焊，危险截面，钩筋无塑性变形		
	25	吊钩防钢丝绳脱钩装置	应完整可靠		
	26	滑轮	滑轮应转动良好，出现下列情况应报废：1. 裂纹或轮缘破损；2. 滑轮绳槽壁厚磨损量达原壁厚的 20%；3. 滑轮槽底的磨损量超过相应钢丝绳直径的 25%		
	27	滑轮上的钢丝绳防脱装置	应完整、可靠，该装置与滑轮最外缘的间隙不应超过钢丝绳直径的 20%		
	28	卷筒	卷筒壁不应有裂纹，筒壁磨损量不应大于原壁厚的 10%；多层缠绕的卷筒，端部应有比最外层钢丝绳高出 2 倍钢丝绳直径的凸缘		
	29	卷筒上的钢丝绳防脱装置	卷筒上的钢丝绳应排列有序，设有防钢丝绳脱槽装置。该装置与卷筒最外缘的间隙不应超过钢丝绳直径的 20%		
	30	钢丝绳完好度	见钢丝绳检查项目		
	31	钢丝绳端固定	符合使用说明书规定		
	32	钢丝绳穿绕方式、润滑与干涉	穿绕正确，润滑良好，无干涉		
	33	制动器	起升、回转、变幅、行走机构都应配备制动器，制动器不应有裂纹、过度磨损、塑性变形、缺件等缺陷。调整适宜，制动平稳可靠		
	34	传动装置	固定牢固，运行平稳		
	35	有可能伤人的活动零部件外露部分	防护罩齐全		

续表

名称	序号	检查项目	要求	结果	备注
电气与保护	36 *	紧急断电开关	非自动复位，有效，且便于司机操作		
	37 *	绝缘电阻	主电路和控制电路的对地绝缘电阻不应小于0.5MΩ		
	38	接地电阻	接地系统应便于复核检查，接地电阻不大于4Ω		
	39	塔式起重机专用开关箱	单独设置并有警示标志		
	40	声响信号器	完好		
	41	保护零线	不得作载流回路		
	42	电源电缆与电缆保护	无破损，老化。与金属接触处有绝缘材料隔离，移动电缆有电缆卷筒或防止磨损措施		
	43	障碍指示灯	塔顶高度大于30m且高于周围建筑物时应安装，该指示灯的供电不应受停机的影响		
轨道	44	行走轨道端部止挡装置与缓冲器	应设置		
	45 *	行走限位装置	制停后距止挡装置≥1m		
	46	防风夹轨器	应设置，有效		
	47	排障清轨板	清轨板与轨道间的间隙不应大于5mm		
	48	钢轨接头位置及误差	支承在道木或路基箱上时，两侧错开≥1.5m；间隙≤4mm；高差≤2mm		
	49	轨距误差及轨距拉杆设置	1/1000且最大应≤6mm；相邻两根间距≤6m		

续表

名称	序号	检查项目	要求	结果	备注
司机室	50	性能标牌（显示屏）	齐全，清晰		
	51	门窗和灭火器、雨刷等附属设施	齐全，有效		
	52 *	可升降司机室或乘人升降机	按现行《施工升降机》（GB/T 10054）和《施工升降机安全规程》（GB 10055）检查		
其他	53	平衡重、压重	安装准确，牢固可靠		
	54	风速仪	臂架根部铰点高于 50m 时应设置		

注：1. 表中序号打“ * ”为保证项目，其他为一般项目；

2. 表中打“—”的表示该处不必填写，而只需在相应“备注”中说明即可；

3. 对于不符合要求的项目应在备注栏具体说明，对于要求量化的参数应按规定量化在备注栏内。

表 2-11-2　钢丝绳检查项

序号	检查项目	报废标准	实测	结果	备注
1	钢丝绳磨损量	钢丝绳实测直径相对公称直径减小 7%或更多			
2	常用规格钢丝绳规定长度内达到报废标准的断丝数	钢制滑轮上工作的圆股钢丝绳、抗扭钢丝绳中断根数的控制标准参照现行国家标准《起重机 钢丝绳 保养、维护、检验和报废》（GB/T 5972）			
3	钢丝绳变形	出现波浪形时，在钢丝绳长度不超过 $25d$ 范围内，若波形幅度值达到 $4d/3$ 或以上，则钢丝绳应报废			
		笼状畸变、绳股挤出或钢丝挤出变形严重的钢丝绳应报废			
		钢丝绳出现严重的扭结、压扁和弯折现象应报废 绳径局部严重增大或减小均应报废			

续表

序号	检查项目	报废标准	实测	结果	备注
4	其他情况描述				
检查结果	保证项目不合格项数		一般项目不合格项数		
	资料情况		结论		
检查人			检查日期		

注：1. 表中 d 表示钢丝绳公称直径；

2. 钢丝绳磨损量＝［（公称直径－实测直径）/公称直径］×100%。

（2）空载和额定荷载等性能试验的主要内容与要求见表2-11-3。

表 2-11-3　塔式起重机荷载试验记录表

工程名称		设备编号		
塔式起重机型号		安装高度		
荷载	试验工况	循环次数	检验结果	结论
空载试验	运转情况			
	操纵情况			
额定起重量	最小幅度最大起重量			
	最大幅度额定起重量			
	任一幅度处额定起重量			
超载10%动载试验	最大幅度处，起吊相应额定起重量的110%，做复合动作			
	最小幅度处，起吊110%最大起重量，做复合动作			
	任一幅度处，起吊相应额定起重量的110%，做复合动作			

续表

<table>
<tr><th>荷载</th><th>试验工况</th><th>循环次数</th><th>检验结果</th><th>结论</th></tr>
<tr><td rowspan="3">超载25%
动载试验</td><td>最大幅度处，起吊相应额定起重量的125%</td><td></td><td></td><td></td></tr>
<tr><td>最小幅度处，起吊最大起重量的125%，起升制动器10min内吊重无下滑</td><td></td><td></td><td></td></tr>
<tr><td>最大与最小幅度间最大力矩点处，起吊相应额定起重量的125%</td><td></td><td></td><td></td></tr>
</table>

试验组长：　　　　　　　　　　　　　　　　电　　工：
试验技术负责人：　　　　　　　　　　　　　操作人员：
试验日期：

（1）安装单位自检合格后，应当经由具有相应资质的检验检测机构检验检测合格。

（2）检验检测合格后，塔式起重机使用单位应当组织产权（出租）、安装、监理等有关单位进行综合验收，验收合格后方可投入使用。未经验收或者验收不合格的不得使用。实行总承包的，由总承包单位组织产权（出租）、安装、使用、监理等有关单位进行验收。

塔式起重机安装验收记录见表2-11-4。

塔式起重机安装质量的自检和检测报告应存入设备档案。塔式起重机停用6个月以上的，在复工前，应按表2-11-4重新进行验收，合格后方可使用。

表2-11-4　塔式起重机安装验收记录表

<table>
<tr><td colspan="3">工程名称</td><td colspan="6"></td></tr>
<tr><td rowspan="2">塔式起重机</td><td>型号</td><td></td><td>设备编号</td><td></td><td>起升高度</td><td colspan="3">m</td></tr>
<tr><td>幅度</td><td>m</td><td>起重力矩</td><td>kN·m</td><td>最大起重量</td><td></td><td>塔高</td><td>m</td></tr>
<tr><td colspan="4">与建筑物水平附着距离</td><td>m</td><td>各道附着间距</td><td>m</td><td>附着道数</td><td></td></tr>
</table>

续表

验收部位	验收要求	结果
结构件	部件、附件、连接件安装齐全，位置正确	
	螺栓拧紧力矩达到技术要求，开口销完全撬开	
	结构件无变形、开焊、疲劳裂纹	
	压重、平衡重的质量与位置使用说明要求	
基础与轨道	地基坚实、平整，地基或基础隐蔽工程资料齐全、准确	
	基础周围有排水措施	
	路基箱或枕木敷设符合要求，夹板、道钉使用正确	
	钢轨顶面总、横方向上的倾斜度不大于1/1000	
	塔式起重机底架平整度符合使用说明书要求	
	止挡装置距钢轨两端距离≥1m	
	行走限位装置距止挡装置距离≥1m	
	轨接头间距不大于4m，接头高低差不大于2mm	
机构及零部件	钢丝绳在卷筒上面缠绕整齐、润滑好	
	钢丝绳规格正确、断丝和磨损未达到报废标准	
	钢丝绳固定和编插符合国家及行业标准	
	各部位滑轮转动灵活、可靠，无卡塞现象	
	吊钩磨损未达到报废标准、保险装置可靠	
	各机构转动平稳、无异常响声	
	各润滑点润滑良好，润滑油牌号正确	
	制动器动作灵活可靠，联轴器连接良好，无异常	

续表

验收部位	验收要求	结果
附着锚固	锚固框架安装位置符合规定要求	
	塔身与锚固框架固定牢靠	
	附着框、锚杆、附着装置等各处螺栓、销轴齐全、正确、可靠	
	垫铁、楔块等零部件齐全可靠	
	最高附着点下塔身轴线对支承面垂直度不得大于相应高度的2/1000	
	独立状态或附着状态下最高附着点以上塔身轴线对支承面垂直度不得大于4/1000	
	附着点以上塔式起重机悬臂高度不得大于规定高度	
电气系统	供电系统电压稳定、正常工作、电压380V±10%	
	仪表、照明、报警系统完好、可靠	
	控制、操纵装置动作灵活、可靠	
	电气按要求设置短路和过流、失压及零位保护，切断总电源的紧急开关符合要求	
	电气系统对地的绝缘电阻不大于0.5MΩ	
安全装置	起重量限制器灵敏可靠，其综合误差不大于额定值的±5%	
	力矩限制器灵敏可靠，其综合误差不大于额定值的±5%	
	回转限位器灵敏可靠	
	行走限位器灵敏可靠	
	变幅限位器灵敏可靠	
	顶升横梁防脱装置完好可靠	
	吊钩上的钢丝绳防脱钩装置完好可靠	
	滑轮、卷筒上的钢丝绳防脱装置完好可靠	
	小车断绳保护装置灵敏可靠	
	小车断轴保护装置灵敏可靠	

续表

验收部位	验收要求	结果
环境	布设位置合理符合施工组织设计要求	
	与架空线最小距离符合规定	
	塔式起重机的尾部与周围建（构）筑物及其外围施工设施之间的安全距离不小于0.6m	
其他	对检测单位意见复查	

出租单位验收意见： 负责人（签字）： 年　月　日　（盖章）	安装单位验收意见： 负责人（签字）： 年　月　日　（盖章）
使用单位验收意见： 负责人（签字）： 年　月　日　（盖章）	监理单位验收意见： 负责人（签字）： 年　月　日　（盖章）

施工总承包单位验收意见：

负责人（签字）：

年　月　日　（盖章）

第三章 塔式起重机的维护与保养的基本知识

第一节 了解塔式起重机维护保养的意义

为了使塔式起重机经常处于完好和安全运转状态，塔式起重机安装前、使用中和拆卸后必须按制度规定进行检查和维护保养。

(1) 塔式起重机工作状态中，经常遭受风吹雨打、日晒的侵蚀，灰尘、沙土经常会落到机械各部位，如不及时清除和保养，将会侵蚀机械，使其寿命缩短。

(2) 在机械运转过程中，各工作机构润滑部位的润滑油及润滑脂会自然损耗后流失，如不及时补充，将会加重机械的磨损。

(3) 机械经过一段时间的使用后，各运转机件会自然磨损，各运转零件的配合间隙会发生变化，如果不及时进行保养和调整，各运动的零部件磨损就会加快，甚至导致运动部件的完全损坏。

(4) 机械在运转过程中，如果各工作机构的运转情况不正常，又得不到及时的保养和调整，将会导致工作机构完全损坏，大大降低塔式起重机的使用寿命。

(5) 经一个使用周期后，塔式起重机的结构、机构和其他零部件将会出现不同程度的锈蚀、磨损甚至出现裂纹等，因此严格执行塔式起重机的转场维护保养制度，进行一次全面的检查、调整、修复等维护保养工作是十分必要的，是保证塔式起重机下一个周期中安全使用的必要条件。

（6）通过检查，及时发现机械连接部件间的松紧情况，并加以紧固，防止机械局部损坏并发生事故。

（7）通过防腐保养，做好机构件等的表面除锈及油漆，以减少自然环境对机械的侵蚀。

（8）通过拆检，对机械内在问题加以检查，对损坏和磨损严重的部件及时更换，保证机械综合性能不受影响。

第二节　了解塔式起重机维护保养的分类

塔式起重机的维护保养分为例行保养（日常保养）、初级保养（定期保养）和高级保养（转场保养）。

例行保养：应在每班作业的班前、班中、班后进行，作业内容为检查、清洁、润滑、紧固、调整、防腐。作业人员应是当班司机。

初级保养：应在施工现场进行，保养周期为工作一个月或累计工作300h。作业内容为检查、调整、紧固、润滑、清洁、防腐。

初级保养的作业人员以专业维保人员为主，司机协助。

高级保养：宜在保养场内进行，保养周期为一个建筑工程使用周期。作业主要内容为拆检、调整、紧固、润滑、清洁、防腐、更换。

高级保养的作业人员为专业维保人员。

第三节　熟悉塔式起重机维护保养的内容

一、例行保养

例行保养应在每班作业前、作业中、作业后进行，由司机负责检查和保养，主要内容包括：

（1）对基础及地脚螺栓进行检查，做到基础无积水，地脚螺栓无松动、无断裂现象，轨道连接可靠，轨道上无障碍物，接地装置连接牢固。

（2）对主要钢结构及连接进行检查。连接螺栓齐全，紧固可靠，结构件无开裂变形现象。

（3）对各机构进行检查，各机构应运转正常，无异响，减速机无漏油、渗油现象，各制动器表面无油污，制动效果应灵敏可靠。

（4）对电气系统进行检查。各连接线端子应连接牢固可靠，导线及电缆无破损漏电现象，各电气元件工作正常，操作开关应完好、有效。

（5）检查安全限位及保险装置，确保可靠、有效。

（6）检查钢丝绳。钢丝绳在卷筒上排列整齐、紧固牢靠，防脱槽装置有效，无脱槽现象，各绳头压板、卡子无松动。

（7）每工作一周，各制动器铰点、吊钩轴承、回转支承、安全装置轴处应加注润滑油或润滑脂。

（8）对驾驶室、门窗做好清洁工作。

详见塔式起重机例行保养内容及要求表 3-3-1。

表 3-3-1　塔式起重机例行保养内容及要求

序号	项目	要求
1	塔吊基础	班前检查基础有无积水，地脚螺栓有无松动等现象，及时做好抽水及螺栓紧固。清除基础轨道上的障碍物
2	行走限位开关和撞块	行走限位挡铁条不变形，限位开关应动作灵敏、可靠，轨道两端的撞块完好、不移位
3	接地装置	检查接地线，确保接地线与塔吊基础节或轨道的连接良好，无断线
4	电缆线	电缆线无破损，架空固结牢固，无拖地现象

续表

序号	项目	要求
5	主要结构件的连接螺栓	检查底架、标准节的连接螺栓的紧固情况，对松动的螺栓加以紧固
6	减速器齿轮箱油液	检查起升、回转、变幅、行走等机构齿轮箱内的润滑油量，不足的应及时添加
7	制动器	检查制动器，制动片磨损不超标、表面无油污，闸瓦张开间隙在规定范围内，各连接紧固件无松垮，确保带载制动有效
8	钢丝绳	检查钢丝绳，做到钢丝绳在绳筒上排列整齐，不脱槽，滑轮转动灵活。无严重断丝、松散、变形等现象
9	导向轮	检查各导向轮，确认导向轮转动灵活，并对导向轮轴加注润滑油
10	安全装置	检查力矩限位器、起重量限位器、高度限位器、变幅限位器和行走限位器，各安全装置应可靠有效，驾驶室内的控制显示功能正常，否则应及时报修
11	保险装置	检查钢丝绳防脱槽保险装置和吊钩保险装置是否损坏及变形，存在问题应及时修复
12	供电电压	观察操纵台上仪表盘电压指示值是否在380V±10%范围内，电压过高或过低时，均应停机检查，待电压正常后方可工作
13	电气设备	使用中应注意各机构运转是否顺畅，运转中电器部件是否发出“嗡嗡”的缺相声，如发现应立即停机检修
14	夹轨器	下班后应将夹轨器夹紧轨道，做到与钢轨紧贴无间隙和松动，丝杆无变形，夹爪无开裂
15	班后检查	清洁驾驶室和操纵台灰尘，所有操纵手柄应放至零位，切断总电源开关，关锁好窗门

二、初级保养

初级保养应在施工现场进行，作业周期为工作一个月或累计工作 300h，由专业维保人员负责，司机配合。

主要作业内容为：

（1）检查地脚螺栓有无松动现象并加以紧固，对螺母涂抹油脂。

（2）检查主要结构件有无脱焊、裂纹和变形，确保连接螺栓齐全、紧固可靠。

（3）对起升机构和变幅机构进行检查，补充或更换减速器润滑油；起升机构制动器液压油应按夏冬季节更换；并对变幅小车走轮、靠轮轴承加注润滑脂；各机械联轴器、销轴、机座、电机的螺栓应紧固。

（4）按规定扭矩紧固回转支承连接螺栓，清洗回转齿轮、齿圈，涂抹润滑脂，向回转支承滚道内加注润滑脂。

（5）检查行走机构台车上压重块的固定情况，防风夹轨器应牢固有效，传动机构完好，电缆线不得在地面上拖行，并对轨道进行测量，确保误差在规定范围内。

（6）检查顶升机构，添加或更换液压油，油量应充足，无杂质、乳化现象；检查油缸、油路的连接，油路、液压泵、油缸、控制阀等应无渗漏现象；溢流阀及油压表应正常工作。

（7）检查电气系统，清除控制箱、接触器上的灰尘和铜屑，更换损坏的电子元件；清洗变频器滤网；测量接地电阻，接地电阻值应不大于 4Ω；检查电缆线有无破损现象。

（8）检查起重力矩限制器、起重量限制器、起升高度限位器、回转限位器、变幅限位器，确保安全限位装置灵敏有效。检查绳筒和滑轮防脱槽装置、小车断绳保护装置、吊钩保险装置等是否齐全有效。对损坏、无效的限位装置、保险装置加以修复。塔式起重机初级保养内容及要求详见表 3-3-2。

表 3-3-2　塔式起重机初级保养内容及要求

序号	项目	要求
1	例行保养	按例行保养项目进行
2	地脚螺栓	检查地脚螺栓，并对螺栓及螺母涂抹油脂防锈
3	连接螺栓	检查紧固各标准节连接螺栓，检查紧固附墙装置连接螺栓，检查销轴的轴向制动措施是否可靠
4	主要结构件	检查底座、塔身、塔帽、起重臂、平衡臂等结构部件组成的杆件有无扭曲、变形、焊缝开裂等情况，必要时予以修复
5	工作机构减速器油量	检查起升机构制动器液压油，并按夏冬季节更换液压油，紧固各机械联轴器、销轴、机座、电机的螺栓，对变幅小车走轮、靠轮轴承加注润滑脂，对回转齿轮、齿圈，涂抹润滑脂，紧固回转支承连接螺栓
6	行走机构及轨道	检查台车架上的压重块的固定，应固定牢靠；防风夹轨器应牢固有效，不得缺失；测量轨顶标高，轨道顶面纵横方向上的倾斜度不得大于 3/1000（上回转塔吊），轨距误差不大于公称值的 1/1000，绝对值不大于 6mm
7	制动器	检查制动器，制动器的弹簧、拉杆、销轴和开口销应完好；电磁铁的活动衔铁不应与线圈铁芯相摩擦；制动摩擦片应接触均匀，间隙适当，制动可靠有效，摩擦片磨损超过原厚度 50%时应予更换
8	滑轮及钢丝绳	检查各滑轮、销轴有无磨损，并加注润滑脂；检查钢丝绳穿绕及钢丝绳本身是否良好；磨损等超标时应更换
9	顶升机构	检查液压油的油量是否充足，有无杂质、乳化现象，必要时添加或更换。检查油缸、油管的连接，油管、液压泵、油缸、控制阀等应无渗漏现象；油压表应正常工作
10	电气系统	清除集电器碳刷与滑环上的灰尘与脏物；清除控制箱、接触器上的灰尘和铜屑，修磨或更换烧蚀磨损的触头，使其接触均匀，间隙适当；测量接地电阻，接地电阻值应不大于 4Ω；对变频器的进风口过滤网进行清洗除尘

三、高级保养

（1）标准节、起重臂、平衡臂、塔帽、附墙装置等结构件应无变形、扭曲、脱焊、裂纹等现象；应对变形或弯曲的杆件进行调整和更换，修整开裂的焊缝；标准节、起重臂、平衡臂、塔帽、顶升套架、回转总成、驾驶室、走道等结构件应完好可靠，并进行除锈、防腐处理。

（2）各连接螺栓、销轴、开口销应完好可靠，并进行除锈、涂油、螺纹修整，更换损坏零件，确保各部件连接有效可靠。

（3）检查减速器，更换磨损超标的齿轮、油封、轴承、轴套、挡圈等零件；清洗减速器，更换齿轮油；检查和调整联轴器的轴向和径向间隙，紧固联轴器、减速器机座、电机的螺栓，使之达到说明书要求。

（4）检查变幅机构，清洗牵引小车滑轮组、轴承，加注润滑脂。

（5）检查回转齿轮与齿圈啮合情况，必要时进行回转支承拆检；清洗减速器，更换齿轮油，更换磨损的小齿轮。

（6）顶升机构，拆卸清洗控制阀、液压泵，更换滤油器；检查油缸内的油封，必要时应更换；清洗油箱，更换液压油。

（7）检查所有电线、电缆，应无损伤，及时更换损坏的电线、电缆；检查电机，应无过热现象，电机轴承应加注润滑脂；电气线路及电子元件对外壳的绝缘电阻应不低于0.5MΩ。清除变频器灰尘。塔式起重机高级保养内容及要求详见表3-3-3。

表 3-3-3 塔式起重机高级保养内容及要求

序号	项目	要求
1	金属结构、部件	检查标准节、起重臂、平衡臂、塔帽、附墙装置等结构件有无变形、扭曲、裂缝、脱焊等现象，并加以校正、修复；检查各走道板、休息平台、护栏、扶梯、防护圈等有无损坏、变形，并加以整形修理。对各连接螺栓、销轴、开口销等进行检查、除锈、涂油，并分类放置
2	拆检各类减速器	拆检起升减速器、回转减速器、变幅减速器，放尽齿轮油，检查各级齿轮、轴、轴承、轴套、挡圈、油封等零件，对磨损、超标的零部件加以更换。重新加注齿轮油
3	回转机构	检查回转齿轮与齿圈的啮合情况，啮合不良应更换小齿轮，如回转支承运转有响声等应拆检回转支承，更换内部磨损的滚珠及挡圈，重新加注润滑脂
4	行走机构	检查行走轮的磨损情况，如行走轮厚度磨损达到原厚度的 15%，轮缘厚度磨损量达到原厚度的 50%时，应更换行走轮。清洗检查开式齿轮、液力耦合器等磨损情况，更换磨损的零部件
5	顶升机构	拆卸清洗控制阀、溢流阀、液压泵，更换滤油器，必要时更换液压油缸内油封，清洗油箱，更换液压油
6	制动器	拆检制动器，修整制动轮毂表面的拉毛及起槽，更换磨损达标的制动片、制动盘；更换液力推杆制动器液压油，调整电磁制动器衔铁行程
7	滑轮组	检查滑轮组，滑轮槽壁破裂或槽壁磨损量超过原厚度的 20%，滑轮槽底磨损超过钢丝绳直径的 25%时，应更换滑轮；对滑轮组、轴承加注润滑脂
8	电子元件及线路	检查所有的电子元件、电线、电缆，更换损坏、失效的接触器、继电器、电气开关、电阻器、仪表、电线等，将电缆入库保管；清除变频器风扇、进风滤网、散热片等上的灰尘

续表

序号	项目	要求
9	电动机	检查电动机，电动机运转时应无过热现象，电动机转子、定子的绝缘电阻值不得低于 0.5MΩ。滚动轴承径向间隙超过 0.15mm 时应更换，对电动机轴承加注润滑脂
10	吊钩	检查吊钩有无裂纹、破口产生，挂绳处的磨损量有无达到报废标准等情况，吊钩达到报废标准时应更换
11	钢丝绳	检查各机构部位的钢丝绳，对可正常使用的钢丝绳做好清理并浸油保养，达到报废程度的应进行更换
12	安全装置	检查起重力矩限位器、起重量限位器、起升高度限位器、变幅限位器是否完好，检查其接触点及接线是否完好有效，变幅小车断轴保护器应有效可靠，对不符合要求的应修复或更换
13	防腐油漆	对塔式起重机金属结构，各传动机构进行清理、除锈，并视机况进行防腐、油漆

四、塔式起重机润滑保养规定

为保证塔式起重机正常工作，防止使用过程中零部件的不正常磨损，应按规定做好润滑保养工作。润滑周期表见表 3-3-4。

表 3-3-4　塔式起重机的润滑周期表

序号	润滑部位	润滑剂	润滑周期（h）	润滑方式	备注
1	齿轮减速器、行星齿轮减速器、涡轮减速器	齿轮油冬 HL-20 夏 HL-30	200 1000	添加更换	
2	起升、回转、变幅、行走机构的开式齿轮及排绳器	石墨钙基润滑剂 ZG-S	50	涂抹	
3	钢丝绳		200	涂抹	高级保养时注润滑油
4	各部位、各类连接螺栓、销轴		100	安装前涂抹	

续表

<table>
<tr><th>序号</th><th>润滑部位</th><th>润滑剂</th><th>润滑周期（h）</th><th>润滑方式</th><th>备注</th></tr>
<tr><td>5</td><td>行走台车轴套、行走轮轴承、卷筒链条</td><td>钙剂润滑脂
冬 ZG-2
夏 ZG-5</td><td>50</td><td>涂抹</td><td></td></tr>
<tr><td>6</td><td>回转支承上、下座圈滚道</td><td rowspan="5">钙剂润滑脂
冬 ZG-2
夏 ZG-5</td><td>300</td><td>加注</td><td>高级保养时拆检加注</td></tr>
<tr><td>7</td><td>起升、变幅机构定、动滑轮，各导向轮</td><td>200</td><td>加注</td><td></td></tr>
<tr><td>8</td><td>滑动轴承</td><td>160</td><td>加注</td><td>每半年清除一次</td></tr>
<tr><td>9</td><td>吊钩止推轴承、卷筒轴承、行走小车轴承</td><td>300</td><td>加注</td><td></td></tr>
<tr><td>10</td><td>液压缸球铰支座、塔吊基础节斜承支座、起重臂与塔身铰点</td><td>1000</td><td>加注</td><td>安装时涂抹</td></tr>
<tr><td>11</td><td>制动器各铰点、夹轨器</td><td>机械油
HJ-20</td><td>50</td><td>加注</td><td></td></tr>
<tr><td>12</td><td>液力联轴器</td><td>汽轮机油
HU-22</td><td>200
1000</td><td>添加换油</td><td></td></tr>
<tr><td>13</td><td>液力推杆制动器</td><td>冬变压器油
DG-10
夏机械油
HJ-20</td><td>100</td><td>添加</td><td></td></tr>
<tr><td rowspan="2">14</td><td rowspan="2">液压顶升泵站油箱</td><td>冬 N32 号
抗磨液压油</td><td>200</td><td>顶升或降节</td><td rowspan="2">清洗换油</td></tr>
<tr><td>夏 N46 号
抗磨液压油</td><td>2000</td><td>前检查添加</td></tr>
</table>

第四章　塔式起重机的调试和常见故障的判断与处置

塔式起重机是一种常见的建筑起重机械，具有高效性和危险性。在作业过程中，塔式起重机经常会发生一些故障，主要是因为塔式起重机作业环境恶劣、维护保养不及时、操作人员违章作业、零部件的自然磨损等多方面原因。发生故障后作业人员应立即停止操作，及时向有关部门报告，由专业维修人员前来排查故障，及时处理，消除隐患，否则会影响正常施工，甚至会导致安全事故的发生。

塔式起重机常见的故障一般分为机械故障和电气故障两大类，由于机械零部件磨损、变形、裂伤、锈蚀、松垮、断裂、卡塞、润滑不良以及相对位置不准确而造成机械系统不能正常运行，统称为机械故障。由于电气线路、元器件、接触器、电气设备、变频器以及电源系统等发生故障，造成用电系统不能正常运行，统称为电气故障。机械故障一般比较明显、直观、容易判断，在塔式起重机运行中比较常见；电气故障相对来说比较少，有的故障比较直观，容易判断，有的故障比较隐蔽，难以判断。

第一节　掌握塔式起重机机械故障的判断与处置

塔式起重机机械故障的判断和处置方法按照其工作机构、液压系统、金属结构和主要零部件分类叙述。

一、工作机构

工作机构包括起升机构、回转机构、变幅机构、行走机构。

（一）起升机构

起升机构故障的判断和处置方法见表 4-1-1。

表 4-1-1　起升机构故障的判断和处置方法

<table>
<tr><th>名称</th><th>故障现象</th><th colspan="2">故障原因</th><th>处置办法</th></tr>
<tr><td rowspan="7">卷扬机</td><td rowspan="7">声音异响</td><td colspan="2">接触器缺相或失效</td><td>更换接触器</td></tr>
<tr><td colspan="2">减速机齿轮磨损、啮合不良、轴承破损</td><td>更换齿轮或轴承</td></tr>
<tr><td colspan="2">联轴器连接松动或弹性套磨损</td><td>紧固螺栓或更换弹性套</td></tr>
<tr><td colspan="2">制动器损坏或调整不当</td><td>更换或调整制动器</td></tr>
<tr><td colspan="2">电动机故障</td><td>排除电气故障</td></tr>
<tr><td colspan="2">机座螺栓松动</td><td>紧固机座螺栓</td></tr>
<tr><td colspan="2">联轴器轴向和径向配合不到位</td><td>调整配合度</td></tr>
<tr><td rowspan="7">吊钩</td><td rowspan="7">吊物下滑（溜钩）</td><td colspan="2">制动器刹车片间隙调整不当</td><td>调整间隙</td></tr>
<tr><td colspan="2">制动器刹车片磨损严重或有油污</td><td>更换刹车片，清除油污</td></tr>
<tr><td colspan="2">制动器推杆行程不足</td><td>调整推杆行程</td></tr>
<tr><td colspan="2">电动机输出扭矩不够</td><td>调整电源电压</td></tr>
<tr><td colspan="2">离合器片破损</td><td>更换离合器片</td></tr>
<tr><td colspan="2">起重电机缺相</td><td>修复</td></tr>
<tr><td colspan="2">制动器防雨罩损坏，进水打滑</td><td>修复防雨罩</td></tr>
<tr><td rowspan="11">制动器</td><td rowspan="11">制动器打不开</td><td rowspan="6">闸瓦式</td><td>制动器液压泵电动机损坏</td><td>修复</td></tr>
<tr><td>制动器液压泵电动机缺相</td><td>修复防雨罩</td></tr>
<tr><td>制动器液压泵损坏</td><td>更换电动机</td></tr>
<tr><td>制动器液压推杆锈蚀</td><td>检查修复</td></tr>
<tr><td>机构间隙调整不当</td><td>更换液压泵</td></tr>
<tr><td>制动器液压泵油液变质</td><td>除锈蚀</td></tr>
<tr><td rowspan="5">盘式</td><td>间隙调整不当</td><td>调整间隙</td></tr>
<tr><td>刹车线圈电压不正常</td><td>检查线路电压</td></tr>
<tr><td>离合器片破损</td><td>更换离合器片</td></tr>
<tr><td>刹车线圈损坏</td><td>更换线圈</td></tr>
<tr><td>电路故障</td><td>检查修复</td></tr>
</table>

续表

名称	故障现象	故障原因	处置办法
减速器	温度过高	润滑油过量或太少	适当增加油量
	轴承温度过高	润滑油过量或太少	适当增加油量
		润滑油质量差	更换润滑油
		轴承轴向间隙不符合要求或轴承已损坏	调整轴承间隙或更换轴承
	漏油	连接部位贴合面密合性差，轴承端封圈磨损严重	更换密封圈
	振动过大	固定螺栓松动，输入或输出与电动机不同心	紧固螺栓，调整

（二）回转机构

回转机构故障的判断和处置方法见表 4-1-2。

表 4-1-2　回转机构故障的判断和处置方法

名称	故障现象	故障原因	处置办法
回转电动机	有异响回转无力	液力耦合器漏油或油量不足	检查安全易熔塞是否熔化，橡胶密封件是否老化等按规定填充油液
		液力耦合器失效	更换液力耦合器
		减速机齿轮或轴承破损	更换损坏齿轮或轴承
		液力耦合器与电动机连接胶垫破损	更换胶垫
		电动机故障	排除电气故障
回转支承	有异响	大齿圈润滑不良	加油润滑
		大齿圈与小齿轮啮合间隙不当	调整间隙
		滚动体或隔离块损坏	更换损坏部件
		滚道面点蚀、剥落	修整滚道
		高强度螺栓预紧力不一致，差别不大	调整预紧力

续表

名称	故障现象	故障原因	处置办法
回转机构	臂架和塔身扭摆严重	减速器故障	检修减速器
		液力耦合器充油量过大	按说明书加注
		齿轮啮合或回转支承不良	修整
		标准节螺栓松动	紧固螺栓
	启动不了	异物卡在齿轮处	清除异物

（三）变幅机构

变幅机构故障的判断和处置方法见表 4-1-3。

表 4-1-3　变幅机构故障的判断和处置方法

名称	故障现象	故障原因	处置办法
变幅机构	有异响	减速机齿轮或轴承破损	更换
		减速机缺油	查明原因，检修加油
		钢丝绳过紧	调整钢丝绳松紧度
		联轴器弹性套磨损	更换
		电动机故障	查找电气故障
		小车滚轮轴承或滑轮破损	更换轴承或滑轮
		小车边靠轮轴承破损	更换边靠轮轴承
		电机定子，转子相摩擦	调整定转子间隙
		电机和减速箱不同心	调整，修复
变幅小车	滑行和抖动	钢丝绳未张紧	重新适度张紧
		滚轮轴承润滑不好，运动偏心	修复
		轴承损坏	更换
		制动器失效	经常加以检查，修复更换
		联轴器连接不良	调整、更换
		电动机故障	排除电气故障
		边靠轮轴承润滑不好，运动偏心	修复

续表

名称	故障现象	故障原因	处置办法
变幅小车	幅度过短	钢丝绳过短	更换长钢丝绳
		变幅限位调整过短	调整变幅限位
	制动失灵	制动力矩过小	调整或更换制动器弹簧
		刹车片磨损间隙过大	更换刹车片
		励磁，电压不足	修复

（四）行走机构

行走机构故障的判断和处置方法见表 4-1-4。

表 4-1-4　行走机构故障的判断和处置方法

名称	故障现象	故障原因	处置办法
行走机构	运行时啃轨严重	轨距敷设不符合要求	按规定误差调整轨距
		钢轨规格不匹配，轨道不平直	按标准选择钢轨，调整轨道
		台车框轴转动不灵活，轴承润滑不好	经常润滑
		台车电动机不同步	选择同型号电动机，保持转速一致
	驱动困难	啃轨严重，阻力较大，轨道坡度较大	重新校准轨道
		轴套磨损严重，轴承破损	更换
		电动机故障	排查电气故障
	停止时晃动过大	延时制动失效，制动器调整不当	调整

二、液压机构

液压机构故障的判断和处置方法见表 4-1-5

表 4-1-5　液压机构故障的判断和处置方法

名称	故障现象	故障原因	处置办法
顶升系统	顶升时颤动及噪声大	液压系统中混有空气	排气
		油泵吸空	加油
		机械机构，液压缸零件配合过紧	检修，更换
		系统中内漏油或油封损坏	检修或更换油封
		液压油变质	更换液压油
		滤油器堵塞	清洗滤油器
		油路连接错误	正确连接油管
	顶升缓慢	单向阀流量调整不当或失灵	调整检修或更换
		油箱液位低	加油
		液压泵内漏	检修
		手动换向阀换向不到位	检修，更换
		液压缸泄漏	检修，更换密封圈或油封
		手动换向阀阀杆与阀孔磨损严重	检修，更换
		液压管路泄漏	检修，更换
		油温过高	停止作业，冷却系统
		油液杂质较多，滤油网堵塞，影响吸油	清洗滤网，清洁液压油或更换新油
		油泵磨损、效率下降	修复或更换损坏件
	顶升无力或不能顶升	油箱存油过低	加油
		液压泵反转或效率下降	调整，检修
		溢流阀卡死或弹簧断裂	检修，更换
		手动换向阀换向不到位	检修，更换
		油管破损或漏油	检修，更换
		溢流阀调整压力过低	调整溢流阀
		液压油进水或变质	更换液压油
		液压系统排气不完全	排气
		其他机构干涉	检查，排除
	顶升系统不工作	电机接线错误使油泵转向不对	改变电机旋向

续表

名称	故障现象	故障原因	处置办法
液压缸	带载后液压缸下降	双向液压锁或节流阀不工作	检修，更换
		液压缸泄漏	检修，更换密封圈
		管路或接头漏油	检查，排除，更换
	载后液压缸停止升降	双向液压锁或节流阀不工作	检修，更换
		与其他机械机构有挂、卡现象	检查，排除
		手动液控阀或溢流阀损坏	检修，更换

三、金属结构

金属结构故障的判断和处置方法见表 4-1-6。

表 4-1-6　金属结构故障的判断和处置方法

名称	故障现象	故障原因	处置办法
焊缝和焊缝母材	焊缝和焊缝母材开裂	超载严重，工作过于频繁产生比较大的疲劳应力，焊接不当或钢材存在缺陷等	严禁超负荷运行，经常检查焊缝，更换损坏的结构件
结构件	构件变形	冻胀破坏，运输吊装时发生碰撞，安装拆卸方法不当	要经过校正后才能使用，但对受力结构件，禁止校正，必须更换
高强度螺栓	连接松动	预紧力不够	定期检查，紧固
	螺帽开裂	强度不够，使用时间过长疲劳应力	更换高强度螺栓
	锈蚀严重	转场未保养	更换高强度螺栓
销轴	销轴退出脱落	开口销缺失或未打开	添加开口销或打开
		销轴锁片固定螺丝脱落缺失	添加固定螺丝

四、钢丝绳、滑轮、吊钩

钢丝绳、滑轮、吊钩故障的判断和处置方法见表 4-1-7。

表 4-1-7　钢丝绳、滑轮、吊钩故障的判断和处置方法

名称	故障现象	故障原因	处置办法
钢丝绳	磨损过快	钢丝绳滑轮磨损严重或无法转动	更换轴承或滑轮
		滑轮绳槽与钢丝绳直径不符	调整使之匹配
		钢丝绳穿绕不正确，啃绳	重新穿绕，调整钢丝绳
		斜吊造成钢丝绳与卷筒外壳之间的磨损	严禁斜吊
		与结构件有摩擦	调整
	经常脱槽	滑轮偏斜或移位	调整滑轮安装位置
		钢丝绳与滑轮不匹配	更换合适的钢丝绳或滑轮
		防脱装置不起作用	检修钢丝绳防脱装置
		操作不当	按操作规范操作
	乱绳变形	斜吊、排绳轮作用失效	严禁斜吊，更换排绳轮
		无排绳轮，缠绕乱绳时，钢丝绳进入卷筒端部缝隙中被挤压变形	安装排绳轮
滑轮	转不动	滑轮缺少润滑，轴承损坏	保持润滑，更换损坏轴承
	倾斜	轴承磨损	更换轴承
	磨损过快	安装不符合要求	正确安装
		材质有缺陷	更换滑轮
	滑轮槽磨损不均匀	材质不均匀，安装不符合要求，绳与轮接触不均匀	重新安装或修复或更换
吊钩	尾部螺纹及退刀槽、钩头表面出现裂纹	超期使用、超载使用、材质有缺陷	更换吊钩
	钩口部位和弯曲部位有永久变形	超载使用，疲劳所致	更换吊钩
	吊钩防脱装置失效	损坏，变形	更换吊钩防脱装置

第二节　掌握塔式起重机电气故障的判断与处置

一、塔式起重机电气系统故障的判断和处置方法

电气系统故障的判断和处置方法见表 4-2-1

表 4-2-1　电气系统故障的判断和处置方法

名称	故障现象	故障原因	处置办法
电动机	不运转	缺相	查明原因
		过电流继电器动作	查明原因，调整过电流整定值，复位
		空气断路器动作	查明原因，复位
		定子回路断路	更换电阻或定子
		转子回路断路	更换电阻或转子
		转子与定子之间无间隙	查明原因，修复
		转子与轴之间松动	更换转子
		操作台微动开关失效	查明原因，更换
	有异响	相间轻微断路或转子回路缺相	查明原因，正确接线
		电动机轴承破损	更换轴承
		转子回路的串接电阻断开、接地	更换或修复电阻
		转子碳刷接触不良	更换碳刷
	温升过高	电动机转子回路有轻微短路故障	测量转子回路电流是否平衡，检查和调整电气控制系统
		电源电压低于额定值	暂停使用
		电动机冷却风扇失效	修复风扇
		电动机通风不良	改善通风条件
		电动机转子缺相运行	查明原因，接好电源
		定子、转子、间隙过小	调整定子、转子间隙
		电动机超负荷运行	调整工作状态，禁止超负荷运行
		电压过高	调整电压
		电动机接线错误	调整线路

续表

名称	故障现象	故障原因	处置办法
电动机	烧毁	操作不当，低速运行时间较长	缩短低速运行时间
		电动机修理次数过多，造成电动机定子铁芯损坏	报废
		绕线式电动机转子串联电阻断路、断路、接地、造成转子烧毁	修复串联电路
		电压过高或者过低	检查供电电压
		转子运转失衡，碰擦定子（扫膛）	更换转子轴承或修复轴承
		主回路电子元件损坏或线路短路、断路	检查修复
	输出功率不足	线路电压过低	暂停工作
		电动机缺相	查明原因，正确接线
		制动器没有完全松开	调整制动器
		转子回路断路、短路、接地	检修转子回路
		电动机接线错误	检查，修复
主接触器	按下启动按钮，主接触器不吸合	工作电源未接通	检查塔式起重机电源开关，接通
		电压过低	暂停工作
		过电流继电器辅助触头断开	查明原因，复位
		主接触器线圈烧坏	更换主接触器
		操作手柄不在零位	将操作手柄归零
		主启动控制线路断路	排查主启动控制线路
		启动按钮损坏	更换启动按钮
		错相或断相	修复
		相序保护器损坏	更换相序保护器
		急停按钮未复位	复位

续表

名称	故障现象	故障原因	处置办法
接触器	接触器噪声大	衔铁芯表面积尘	清除表面污物
		短路环损坏	更换修复
		主触点接触不良	修复或更换
		电源电压较低，吸力不足	测量电压，暂停工作
吊钩	吊钩只下降不上升	起重量、高度、力矩限位误动作	更换、修复或重新调整各限位装置
		起升控制线路断路	排查起升控制线路
		上升接触器缺相	查明线路或更换接触器
		下降接触器不释放	更换接触器
	吊钩只上升不下降	下降控制线路断路	排查下降控制线路
		下降接触器缺相	查明线路或更换接触器
		上升接触器不释放	更换接触器
回转机构	回转只朝同一方向动作	回转限位误动作	重新调整回转限位
		回转线路断路	排查回转线路
		控制接触器失效	更换接触器
变幅机构	变幅机构不动作或只有1个方向	力矩、变幅限位误动作	更换、修复或重新调整各限位装置
		制动器未打开	查明原因
		控制接触器失效	更换接触器
		变幅供电回路缺相	查明原因
电铃、蜂鸣器	不响	线路故障	修复线路
		电铃、蜂鸣器损坏	更换电铃、蜂鸣器
		操作按钮损坏	更换操作按钮
		电源故障	检查修复
漏电保护器	塔式起重机经常跳闸	漏电保护器误动作	检查漏电保护器
		工作电源电压不稳定	测量电压，暂停工作
		漏电保护器漏电动作电流选择错误	更换漏电保护器

二、塔式起重机变频器故障的判断和处置方法

塔式起重机变频器故障的判断和处置方法见表 4-2-2

表 4-2-2　变频器故障的判断和处置方法

名称	故障现象	故障原因	处置办法
变频器	加速过电流	电机参数设置错误	按照说明书设置电机参数
		负载太大	减轻突加负载
	减速过电流	电机参数设置错误	按照说明书设置电机参数
		减速曲线太陡	调整曲线参数
		主回路接地或短路	排除接线及外部问题
	加速过电压	电源电压过高	调整输入电压
		制动单元故障	更换制动单元
		制动电阻偏大	检查或更换制动电阻
	减速过电压	减速时间太短	调整减速时间
		制动单位故障	更换制动单元
		制动电阻对地或阻值偏大	检查制动电阻或更换
	电机过载	刹车没有打开	检查刹车装置和抱闸回路
		负载侧有堵转现象	检查减速机构部分
	编码器故障	编码器接线太长	尽量缩短接线
		附近有高频干扰	用屏蔽线
		编码器电源故障	检查编码器电源

第三节　掌握塔式起重机主要零部件及易损件的报废标准

一、制动器

制动器零件有下列情况之一的应予以报废：

（1）可见裂纹；
（2）制动块摩擦衬垫磨损量达原材料厚度的50％；
（3）制动轮表面磨损量达1.5～2mm；
（4）弹簧出现塑性变形；
（5）电磁铁杠杆系统空行程超过其额定行程约10％。

二、卷筒和滑轮

卷筒和滑轮有下列情况之一的应报废：
（1）裂纹或轮缘破损；
（2）卷筒壁磨损量达原壁厚的10％；
（3）滑轮绳槽壁厚磨损量达到原壁厚的20％；
（4）滑轮槽底的磨损量超过相应钢丝绳直径的25％。

三、吊钩

吊钩禁止补焊，有下列情况之一的应予报废：
（1）用20倍放大镜观察表面有裂纹及破口；
（2）钩尾和螺纹部分等危险断面及钩筋有永久性变形；
（3）挂绳处断面磨损量超过原高的10％；
（4）心轴磨损量超过其直径的5％；
（5）开口度比原尺寸增加15％。

四、车轮

车轮有下列情况之一的，应予报废：
（1）可见裂纹；
（2）车轮踏面厚度磨损量达原厚度的15％；
（3）车轮轮缘厚度磨损量达原厚度的50％。

五、钢丝绳

钢丝绳在使用过程中超过《起重机 钢丝绳 保养、维护、检验和报废》(GB/T 5972—2016)要求时，应予以更换。钢丝绳存在下列缺陷时应予以报废：

(1) 断丝；

(2) 直径减小；

(3) 断股；

(4) 腐蚀；

(5) 畸形和损伤：

① 波浪形；

② 笼状畸形；

③ 绳芯或绳股凸出或扭曲；

④ 钢丝的环状凸出；

⑤ 绳径局部增大；

⑥ 局部扁平；

⑦ 扭结；

⑧ 折弯；

⑨ 热或电弧引起的损伤。

钢丝绳可能出现的缺陷如图 4-3-1～图 4-3-16 所示。

图 4-3-1　钢丝凸起

图 4-3-2　单层钢丝绳绳芯挤出

图 4-3-3　直径局部减小

图 4-3-4　钢丝绳凸出或扭曲

图 4-3-5　局部扁平

图 4-3-6　正向扭结

图 4-3-7　反向扭结

图 4-3-8　波浪形

图 4-3-9　笼状畸形

图 4-3-10　外部磨损

图 4-3-11　外部腐蚀

图 4-3-12　股顶断丝

图 4-3-13　股沟断丝

图 4-3-14　内绳凸出

图 4-3-15　局部直径增大

图 4-3-16　扭结

第五章　塔式起重机安装、拆卸常见事故原因及处置方法

第一节　了解塔式起重机安装、拆卸事故类型及主要原因

塔式起重机安装、拆卸事故是指塔式起重机安装、顶升、拆卸过程中，发生的塔式起重机的倾翻事故及断（折）臂事故。

倾翻事故，指塔身整体倾倒或塔式起重机起重臂、平衡臂和塔帽等倾翻坠落的事故。

断（折）臂事故，指塔式起重机起重臂或平衡臂折弯、严重变形或断裂等事故。

此外，在塔式起重机安装、顶升和拆卸过程中，还经常发生作业人员高处坠落事故；工具、零部件坠落发生物体打击的事故；作业人员触电事故；起吊构件时发生碰撞、挤压的起重伤害事故等。

从近年来发生的塔式起重机事故情况分析，塔式起重机安装、拆卸事故主要有以下原因：

（1）拆装作业人员违章作业，不按塔式起重机使用说明书中先后顺序要求进行拆装，作业中未按要求安装、紧固连接螺栓等。

（2）指挥不当或盲目指挥，造成作业人员间配合失误、提前动作等。

（3）拆装单位无资质或超越资质范围承揽拆装业务。

（4）拆装人员缺乏专业知识及技能，作业队伍临时拼凑，甚至无证上岗。

（5）拆装单位不编制拆装方案，或编制的拆装方案无针对性，缺少重要的技术参数，应计算校核的技术参数未进行计算校核，致使技术参数不符合拆装要求。

（6）作业人员未接受安全技术交底或交底无针对性。

（7）未按规定对塔式起重机进行拆装前检查，造成塔式起重机“带病”拆装。

（8）选用起重量达不到要求的辅助起重设备，使用不合格的吊具、索具等。施工现场作业环境、辅助起重设备进出道路和作业场所的地基承载力不符合要求。

第二节　了解塔式起重机安装、拆卸事故的预防措施

近年发生的塔式起重机相关事故中，塔式起重机安装、拆卸过程中发生的事故占比较大。制订相应措施，防止和减少塔式起重机拆装过程中的事故非常必要。

一、加强塔式起重机拆装队伍和人员管理

（1）塔式起重机的安装、拆卸必须由具备相应起重设备安装工程专业承包资质、取得安全生产许可证的单位实施。

（2）拆装作业人员应相对固定，安装拆卸工、塔式起重机司机、起重信号司索工等特种作业人员应配齐，并持有效“建筑施工特种作业操作资格证书”上岗。

（3）拆装作业人员应具备较强安全意识。作业中，要遵守纪律、服从指挥、配合默契，严格遵守操作规程。

（4）配备齐全、性能可靠且符合要求的辅助起重设备、

机具。

(5) 合理规划施工工序，准备好符合要求的作业环境。

二、加强技术管理

(1) 塔式起重机在安装拆卸前，必须制订符合实际具有针对性的专项施工方案，并按照规定程序进行审核审批。

(2) 对拆装作业人员进行详细的具有针对性的安全技术交底，作业时安装单位的专业技术人员、专职安全生产管理人员应当进行现场监督，监理单位监督安装单位执行建筑起重机械安装、拆卸工程专项施工方案情况，确保施工方案得到安全、有效实施。

(3) 技术人员应根据工程实际情况和设备性能状况对塔式起重机拆装各工种进行安全技术交底。

(4) 严格履行安装前检查职责，及时发现安全隐患并予以整改。

第三节 了解塔式起重机安装、拆卸过程紧急情况的处置

一、突遇停电应急处置措施

塔式起重机升（降）塔作业过程中爬升套架被顶空时，如突遇停电，应立即将油泵断电，然后采用预先准备好的两块楔铁将回转机构输出小齿轮与回转支承大齿轮之间的两侧侧隙牢固楔住，防止起重臂旋转导致塔式起重机套架以上部分结构重心偏移，进而导致塔式起重机倾斜或倒塌，同时立即联系送电。以上安全措施做好后立即撤离塔式起重机，待通电稳定后再继续作业。

二、突遇阵风应急处置措施

风力为4级及以上时严禁升（降）塔作业。若塔式起重机在升塔或降塔作业过程中爬升套架被顶空时突遇阵风，应立即采取预先准备好的两块楔铁，将回转机构输出小齿轮与回转支承大齿轮之间的两侧侧隙牢固楔住，条件允许情况下可将起重臂尖部、平衡臂尾部、塔帽顶部用缆绳与建筑物固接起来，防止风吹动起重臂旋转使塔式起重机上部结构失去平衡，进而导致塔式起重机倾斜或倒塌。

三、突遇顶升油缸密封圈泄漏、液压泵站、液压阀故障应急处置措施

塔式起重机在升（降）塔作业时，如突遇油缸密封圈泄漏、液压泵站、液压阀故障等情况时，应立即将顶升踏步支撑块或撑杆迅速安放于最近的标准节踏步凹槽内，并将回转输出的小齿轮与回转支承大齿轮之间的两侧侧隙用预先准备好的两块楔铁牢固楔住，然后逐一排除顶升油缸、液压泵站故障。

第四节　了解塔式起重机安装、拆卸事故案例及分析

一、违反安装程序导致塔式起重机倾翻事故

（一）事故经过

某施工现场开始进行QTZ63塔式起重机的安装。塔身升高到12m，开始安装平衡臂及配重。4名安装工在平衡臂尾端作业，第2块配重刚安装完毕，当准备安装第3块配重时，该塔式起重机突然从回转机构与顶升套架连接处折断，塔顶、平衡臂、配重、拉杆及4名安装工同时坠落，造成2名安装工当

场死亡，另外2名安装工重伤，设备损坏。

（二）事故原因

这是一起典型的违反操作程序，酿成的生产安全事故。经事故调查组勘查分析，事故发生的主要原因是：

1. 严重违反安装程序

按照该塔式起重机的安装程序，必须用16套M18螺栓将下支座与顶升套架连接好，再用8套M30高强度螺栓将下支座与标准节连接好后，才能吊装平衡臂、起重臂及配重。而事故发生时，该塔式起重机处于顶升状态，下支座与标准节之间没有用M30高强度螺栓连接上，从平衡臂传来的倾翻力矩全部集中在连接下支座与顶升套架的16套M18非高强度螺栓上。

按照该塔式起重机的安装程序，吊装配重应在安装好平衡臂和起重臂后才能进行。而事故发生时，起重臂尚未安装，就开始吊装配重。这样，配重对塔身产生了巨大的倾翻力矩，使得连接下支座与顶升套架的16套M18螺栓承受着很大的轴向拉力。由于连接下支座与顶升套架的16套M18非高强度螺栓承受着由平衡臂和配重传来的巨大轴向拉力，并达到了其破坏强度，导致这些螺栓中有的螺栓螺纹被扫平，有的螺栓被拉断，继而引起该塔式起重机下支座以上部分坠落。

2. 安装单位无资质、安装人员无证上岗

该塔式起重机的安装单位没有取得起重机械安装专业承包资质，安装人员没有特种作业人员操作资格证书。

3. 未履行安装告知手续

该塔式起重机没有按照《建筑起重机械管理规定》（建设部令第166号）有关规定到工程所在地建设主管部门备案，属于严重违规安装。

（三）预防措施

（1）严格按照施工方案确定的安装顺序进行安装。

（2）严格塔式起重机安装队伍管理，严禁拆装单位无资质或超越资质范围承揽拆装业务，严禁拆装人员无证上岗。

（3）在施工现场使用的塔式起重机，应按照《建筑起重机械管理规定》到工程所在地建设主管部门办理登记手续；塔式起重机安装前告知工程所在地建设主管部门。

二、基础节断裂导致塔式起重机倾覆事故

（一）事故经过

某工地一台 QTZ40 塔式起重机安装、使用一段时间后，司机感到该塔式起重机晃动严重，请维修人员检查原因，维修人员检查也未发现原因。当将塔式起重机回转时，突然倾倒在一旁建筑物上，所幸未造成人员伤亡。

（二）事故原因

（1）塔式起重机混凝土基础预埋节擅自以普通标准节代用，且预埋的标准节壁厚低于锚脚壁厚，使用中根部受力最大，根部标准节由裂纹发展到断裂，使标准节被拉断。

（2）基础严重积水，以致标准节进一步腐蚀，并且不能及时发现裂缝。

（三）预防措施

（1）塔式起重机预埋件必须使用说明书规定的预埋件，臂厚不同应做好标记，防止错位。

（2）塔式起重机的基础应有良好的排水系统。

（3）经常检查塔式起重机的安全状况。

三、未履行手续、违规作业导致的塔式起重机倾斜事故

（一）事故经过

2014 年某工地，施工作业人员在进行塔吊安装作业时，

发生一起高处坠落事故。该塔吊在安装最后一节标准节时，安装高度约 30m。当作业人员操作液压油缸顶升塔吊时，塔吊回转承台以上部分瞬间快速向下坠落约 3m，产生剧烈振动。操作平台受振动后脱落，3 名在操作平台上的作业人员随操作平台坠地。造成 1 人当场死亡，2 人重伤。至当晚 7 时 30 分许，2 名重伤人员因伤势过重，经抢救无效先后死亡，直接经济损失约 340 万元。

（二）事故原因

塔式起重机顶升时，作业人员操作不当，未能使顶升横梁销轴完全就位于踏步内，且未将顶升套架四周的操作平台用螺栓连接为整体，致销轴滑出踏步，塔式起重机回转承台以上部分失去支承，快速下落约 3m，强烈振动造成操作平台脱落坠地，引发事故。这是本起事故发生的直接原因。

塔吊安装承包人无塔吊安装资质即承接塔吊安装作业，未按规定办理安装告知手续，且在塔吊安装作业前，未编制塔吊安装施工专项方案、未组织安全技术交底、未编制应急预案；在塔吊安装作业过程中，其本人未在现场管理，也未安排技术和安全负责人在现场巡查，致塔吊安装作业的安全完全失控。这是本起事故发生的主要原因。

（三）预防措施

（1）作业前编制切实可行的安装技术方案，对拆装作业人员进行详细的具有针对性的安全技术交底。

（2）塔式起重机的安装、拆卸必须由具备相应起重设备安装工程专业承包资质、取得安全生产许可证的单位实施，并严格履行审批、告知手续。

（3）安装作业时安装单位的专业技术人员、专职安全生产管理人员进行现场监督，监理单位监督安装单位执行建筑起重机械安装、拆卸工程专项施工方案情况，确保施工方案得到安全、有效实施。

(4) 严格按说明书要求及安全技术规程作业，不图取巧省事。

四、发生故障后违规处理导致的塔式起重机倾斜事故

(一) 事故经过

2017 年某公司擅自决定将 QTZ250 (C7032) 的塔式起重机分散拆零后进入施工现场。在不具备安装此型号起重机资质情况下，该公司 5 人根据公司调度前去安装该塔式起重机。在安装顶升过程中，因发现顶升油泵提升特别慢、压力不足，勉强顶完一个行程后，在保险到位、顶升横梁挂接到位的前提下进行检修。班组长贾某安排工人申某下去取工具和配件，并让常某 (无建筑施工特种作业操作资格证) 上机协助作业，随后贾某进入司机室，为更换液压泵站，违规操作旋转大臂，造成塔式起重机倾覆坍塌，造成 3 人死亡，2 人受伤。

(二) 事故原因

该公司班组长贾某在组织塔式起重机顶升作业过程中，违反《建筑施工塔式起重机安装、使用、拆卸安全技术规程》规定，在液压站出现故障后，擅自组织更换液压泵站。过程中，常某进入驾驶室违章操作并回转起重臂，致使塔身弯曲破坏，造成上部结构整体坍塌，是导致此次事故发生的直接原因。

该公司私自安装未办理特种设备安装拆除告知手续的起重机；购买伪造虚假资质手续，组织不具备相应资质等级的队伍施工作业；未编制有效的塔式起重机安拆方案，对安装现场的安全管理和作业人员安全教育和培训不到位，致使公司员工在安装过程中违章指挥、违章操作，是导致此次事故发生的主要原因。

(三) 预防措施

(1) 作业人员须持证上岗，并严守安全作业规程，正确指

挥，按规定正确处理故障，不冒险作业；

（2）作业前编制切实可行的安装技术方案，对拆装作业人员进行详细的具有针对性的安全技术交底；

（3）塔式起重机的安装、拆卸必须由具备相应起重设备安装工程专业承包资质、取得安全生产许可证的单位实施，并严格履行审批、告知手续。

下　篇

安全操作技能

第六章　掌握塔式起重机安装、拆卸前的检查和准备

一、塔式起重机安装、拆卸前的检查

塔式起重机安装、拆卸前，应分别按表 2-11-1、表 6-1-1 做好全面检查，确认合格后方可进行安装、拆卸作业。

安装前应查阅基础隐蔽工程验收资料是否齐全，包括混凝土试块报告、检查混凝土的强度等级、验收手续是否符合要求。

安装、拆卸前应对塔式起重机的起升机构、回转机构、变幅机构、液压顶升机构、电气系统等进行检查。检查施工现场保养或转场保养是否合格；液压油、齿轮油、润滑油是否加注到位；安全装置、配电箱、电线、电缆是否完好。

安装、拆卸前还应对钢丝绳、钢丝绳夹、楔套、连接紧固件、滑轮等部件进行检查。安装、拆卸辅助设备就位后，应对其机械和安全性能进行检验，合格后方可作业。塔式起重机在安装前和使用过程中，发现有下列情况之一的，不得安装和使用：

（1）结构件有可见裂纹和严重锈蚀的；

（2）主要受力构件存在塑性变形的；

（3）连接件存在严重磨损和塑性变形的；

（4）钢丝绳达到报废标准的；

（5）安全装置不齐全或失效的。

表 6-1-1　塔式起重机安装前检查表

工程名称			设备型号	
安装单位			设备编号	
序号	检查项目	内容及要求	结果	备注
1	钢结构	无扭曲、变形、裂纹和严重锈蚀		
2	连接件、紧固件	销轴及螺栓螺母规格正确，数量齐全，质量满足设计要求；配套开口销或卡板规格数量均符合要求		
3	钢丝绳及其固结	钢丝绳完好符合 GB/T 5972—2016 要求，钢丝绳绳夹固结符合 GB/T 5976—2006 要求，压板固结应符合 GB/T 5975—2006 要求		
4	制动器	制动带（块）摩擦衬垫磨损不大于原厚度的1/2，间隙符合标准要求，能正常动作，设有防护罩		
5	安全装置	各安全装置应齐全、完好		
6	液压系统	各安全装置应齐全、完好油质良好、充足		
		各油管及管接头状况良好，平衡阀与油缸之间为硬管连接		
7	电气系统	保持较良好状况，能正常工作		
8	现场状况	安装现场应具备安全安装塔式起重机的条件		
检查意见	安装单位（盖章） 年　月　日			
检查人	安装单位技术负责人：　使用单位设备主管： 安装队长（组长）：　安装单位安全（质量）员： 其他参检人员：			

第七章　塔式起重机安装、拆卸的程序、方法和注意事项

一、塔式起重机的安装作业程序

（一）安装前准备工作

1. 安全施工技术交底

（1）安全施工技术交底要求

① 在设备入场使用前，或在实施安全技术方案（或措施）前，或在机械作业环境、季节和工艺发生变化时，租赁单位、安装单位管理人员应及时对施工人员进行安全交底，内容为作业方法、作业环境、使用方法、安全操作规程、注意事项以及防护措施。交底应具体且具有针对性。

② 每次安装、拆卸作业前，租赁单位、施工单位、安装单位要对安装、拆卸人员进行交底，内容应包括安装拆卸方法和步骤、安全注意事项、防护措施。

③ 塔式起重机在使用前，施工单位管理人员应对操作者交底，内容应包括安全操作规程、注意事项、防护措施以及工地的安全生产规定。塔式起重机作业还要就群塔作业方案进行专项交底。

④ 在进行有危险因素存在的检修、清理作业前，施工单位以及实施检修、清理的单位应对作业人员进行现场交底，重点指明有危险因素的过程和部位以及防护措施。

⑤ 进行塔式起重机安装、顶升、附着、拆卸、检修、维护保养等工作的班组及其班组长、机长，应坚持在每天上岗前

对班组人员进行口头交底，内容为安全注意事项和防护措施，交底应具体，具有针对性。试用期的新工人每次作业时，监护人应对其进行交底，内容不应忽略一些安全常规知识，还应包括如何使用安全防护用品和设施。

⑥ 除上述⑤的交底外，其余交底均应有书面记录，并写明交底时间、交底人，所有接受交底的人员均应签字，不得代签；对其他人员的交底也应有记录和签字；交底书应在作业前交相关部门存档备查。

（2）安全技术交底

①正常施工作业交底；②雨季施工作业交底；③台风来临前的作业交底；④附着顶升施工作业交底；⑤司机、信号工联合交底。

2. 检查安装场地及施工现场环境条件

塔式起重机进场安装前应对施工现场的环境条件进行勘察确认，不符合安装条件时，不得进行施工作业。

（1）环境要求

安装现场必须道路坚实、畅通，便于进出运输车辆，保证有满足安装要求的平整场地堆放塔式起重机。

安装用汽车吊或履带吊等辅助机械的施工范围内，不得有妨碍安装的构筑物、建筑物、高压线以及其他设施或设备。

安装用辅助机械的站位基础必须满足吊装要求，基础下不得有空洞、墓穴、沟槽等不实结构，基础承载力必须满足要求。

（2）气候要求

夏季安装应注意防雨、防雷，秋季应考虑霜冻及大雾影响，冬季应考虑下雪及强风影响，恶劣天气严禁作业；雨雪过后，请及时清理，做好防滑措施；当风速达到四级时，必须停止安装及顶升作业，风力等级见表 7-1-1；当室外温度达到高温 37℃以上或－25℃时，应停止安装顶升作业，以免施工人员中暑或冻伤。

表 7-1-1 风力等级表

等级	名称	相当风速		等级	名称	相当风速	
		km/h	m/s			km/h	m/s
0	无风	小于1	0～0.2	7	疾风	50～61	13.9～17.1
1	软风	1～5	0.3～1.5	8	大风	62～74	17.2～20.7
2	轻风	6～11	1.6～3.3	9	烈风	75～88	20.8～24.4
3	清风	12～19	3.4～5.4	10	狂风	89～102	24.5～28.4
4	和风	20～28	5.5～7.9	11	暴风	103～117	28.5～32.6
5	轻劲风	29～30	8.0～10.7	12	飓风	118～133	32.7～36.9
6	强风	31～49	10.8～13.8				

（3）不同施工阶段要求

① 基坑边安装应注意边坡的稳定性及承载力，应计算其是否符合要求；

② 基坑下安装应注意坡道稳定性及承载力，坡道不宜太陡，应便于运输车辆及安装用吊车的进出，以免出现塌方、滑坡等现象；

③ 当在地下室顶板、栈桥或屋顶上站位时应核算承载力，必要时进行加固处理；

④ 当在桩基础、格构柱基础上的混凝土承台或钢承台，上安装时，必须验算桩及格构柱承载力，格构柱被挖露出地面时应及时加固处理。

3. 检查安装工具设备及安全防护用具

安装工作前应确认所需工具和安全防护用具是否完备，对所使用的起重设备应进行试吊验证。对于下述的安装工具，应明确型号规格。

（1）安装工具及设备

① 工具：呆扳手、活动扳手、梅花扳手、吊索、手锤、卡环、倒链、撬杠、导向冲子、钳子、螺丝刀、电工工具、吊装钢丝绳、卸扣、麻绳、内六角扳手、卡簧钳等。

② 设备：安装用辅助设备，如汽车吊、履带吊等起重设备。

(2) 安全防护用具

安全帽、安全带、安全绳、防滑鞋、安全警示带。

(二) 塔式起重机的安装

示例一：HK7030塔式起重机安装作业程序。

熟悉、了解塔式起重机。

1. 总体概况

HK7030塔式起重机是一种自升式上回转水平臂塔式起重机，具有行走、固定、附着、内爬等工作形式，最大臂长70m，臂尖吊重3t，最大吊重12t，附着状态最大使用高度159.7m，起升最大速度80m/min。

(1) 使用环境及工作条件

① 使用地区非工作状态风压不大于1100N/m²，工作状态风压不大于250N/m²。

② 工作环境温度－20～＋40℃。

③ 安装、拆卸、顶升操作时，在塔式起重机的最大安装高度处风速不大于13m/s。

④ 塔式起重机的利用等级U5，工作级别A5，荷载状态Q2。

⑤ 安全操作距离不小于0.6m。

⑥ 电源电压380V±10%，频率50Hz（电源电压440V±10%，频率60Hz，此种情况应与制造厂联系）。

⑦ 塔式起重机安装后，塔身轴心线对支承面的侧向垂直度误差小于4/1000。

⑧ 塔式起重机基础的地耐力应符合设计要求。

⑨ 接地电阻不超过4Ω。

(2) 塔式起重机安装工作顺序表（表7-1-2）

表 7-1-2　塔式起重机安装工作顺序表

序号	名称	序号	名称
1	台车	14	平衡臂
2	铰接支座	15	起升机构
3	底架	16	测力环
4	压重	17	平衡重
5	过渡节	18	塔顶
6	标准节	19	风速仪
7	套架	20	障碍灯
8	油缸、泵站	21	变幅机构
9	引进装置	22	臂架
10	回转支承	23	小车
11	回转机构	24	附着框架
12	司机室	25	内爬装置
13	司机节		

二、塔式起重机的拆卸程序

拆卸塔式起重机是一项危险性很强的作业，在拆塔前应做好充分的准备工作。

拆卸塔式起重机平衡重、起重臂和平衡臂时应严格按照规定的程序进行，以防止当移开某一部件时塔式起重机失去平衡，造成倾翻事故。

（一）拆塔前的准备

拆塔工作主要由辅助吊车来完成。拆塔时所用的工具、吊具和立塔时相同。清理好地面场地，使塔式起重机部件拆落到地面时有足够的空间。当气象条件不好时，不要进行拆塔作业。放下台车夹轨钳，并将其固定在轨道上。

（二）拆塔作业

1. 拆卸起升钢丝绳

将载重小车开至起重臂前端，在距离钢丝绳楔套约 1m 的位置上用两个钢丝绳夹固定一直径 20mm、长度 300mm 左右的销轴。

继续向前开动载重小车一段距离，使起升钢丝绳前端松弛。拆下钢丝绳楔套与钢丝绳转环连接的销轴，使楔套与转环头分离。向回开动载重小车，同时注意不断提升吊钩以防止吊钩触地。载重小车回到起重臂根部时下降吊钩，使吊钩落至地面。拆下钢丝绳上临时固定的销轴和楔套。开动起升机构，使钢丝绳收回到卷筒上。

2. 拆除平衡重

拆除平衡重锁紧拉杆（注意将力矩限制器先拆除，以免损坏）。拆下平衡臂后端平衡重锁杆上销轴，使其能打开并转向一侧。用辅助吊车摘下所有平衡重块。重新安装好平衡重锁杆。

3. 起重臂的拆卸

如果辅助吊车具有足够的起重能力，则可按照前面有关章节中的规定，用吊索将起重臂整个吊起来拆卸起重臂，其中包括三个步骤：拆掉平衡臂拉杆连接叉架；拆除拉杆；将起重臂降至地面。

（1）将起升钢丝绳穿过塔顶滑轮、平衡臂上的定滑轮、连接叉架并固定在连接叉架上，并使起升绳绷紧。如图 7-1-1 所示。

（2）用辅助吊车将 4 根 8mϕ22 的吊索吊在起重臂的平衡位置，稍微上仰，使平衡臂拉杆放松，然后拆掉连接叉架与平衡臂连接板的销轴，如图 7-1-2 所示。

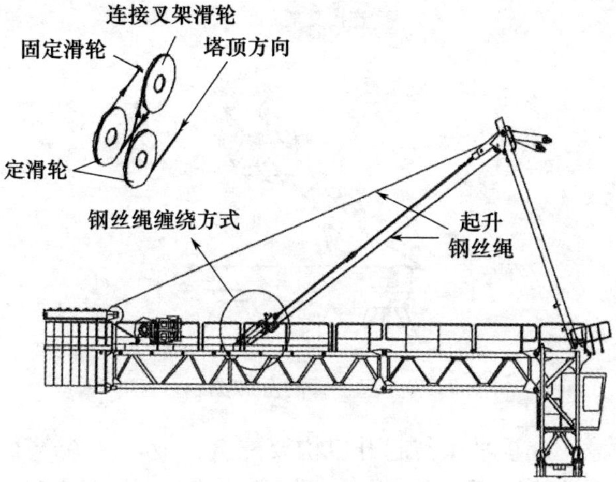

图 7-1-1　起重臂的拆卸图示（一）

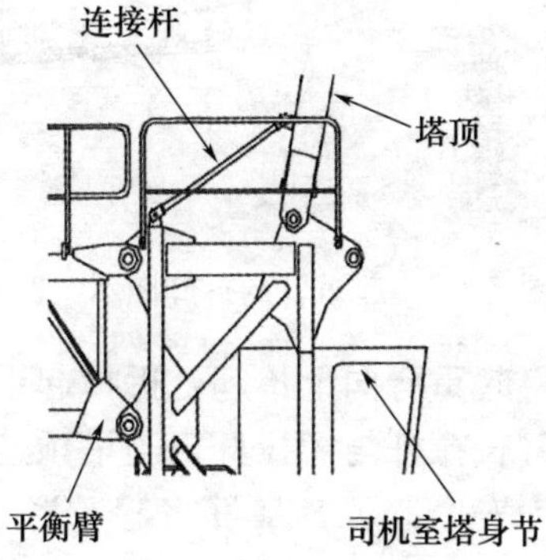

图 7-1-2　起重臂的拆卸图示（二）

（3）起重吊车将臂端下放，同时起升机构慢慢放松起升绳使塔顶向前倾斜至合适位置，直至使连接杆能与塔顶连接为止，如图 7-1-3 所示。

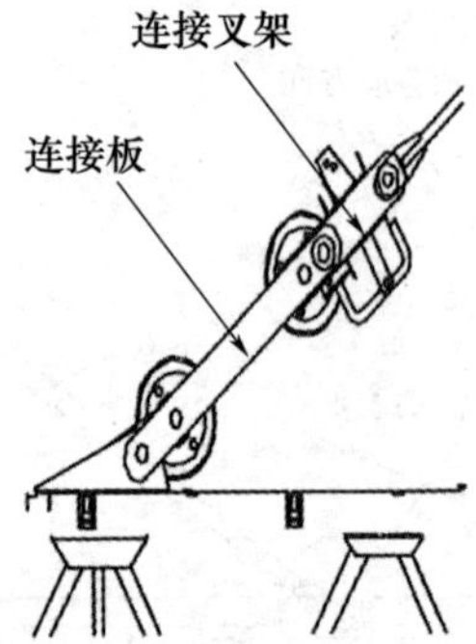

图 7-1-3　起重臂的拆卸图示（三）

注意：起重吊车与起升机构要配合作业，避免产生起重臂下降过多，使塔顶受力过大产生倾翻的情况，如图 7-1-4 所示。

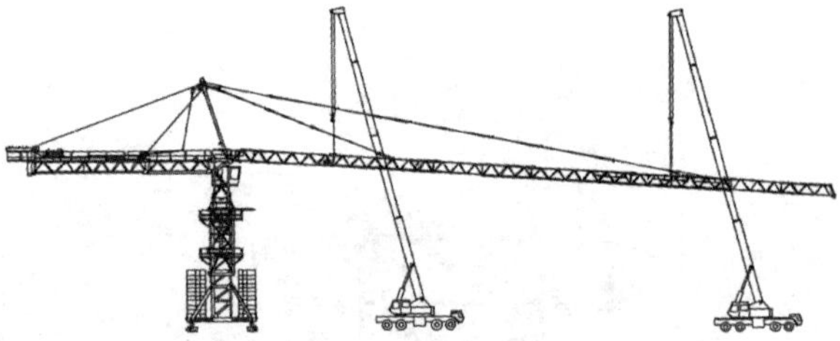

图 7-1-4　起重臂的拆卸图示（四）

用辅助吊车将起重臂向上抬起，拆掉起重臂拉杆与塔顶拉杆的连接，起重臂长拉杆与短拉杆仍与塔顶连接，将起重臂拉杆放入托架中。为安全起见，最好将起重臂拉杆缚于臂根处。将起重臂举成水平，卸掉臂根销轴，将起重臂从塔中抽出，用连在臂端的绳子导向，逐渐将起重臂放下（卸塔时的吊点位置与安装时相同）。

（4）平衡臂的拆卸

① 拉杆和卷扬机的拆卸。

拆卸起升钢丝绳与连接叉架的连接，平衡臂拉杆松弛以后，5.77m 拉杆仍留在塔顶上，卸掉 3.8m 拉杆，但让其仍与连接叉架连在一起。用铁丝将连接叉架和拉杆捆在平衡臂根部。卸掉卷扬机机座上的销轴，用三根 4m 吊索将起升卷扬机吊起，该吊索由三个挂钩固定在卷扬机机座的吊环上，将卷扬机吊到地面上，如图 7-1-5 所示。

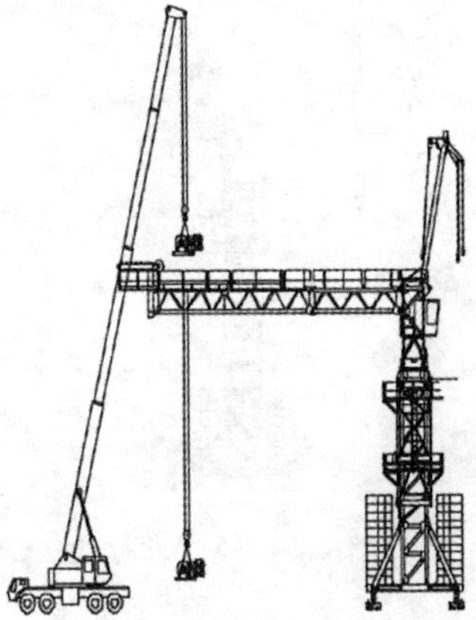

图 7-1-5 平衡臂的拆卸图示（一）

② 拆除起升钢丝绳与连接叉架的连接，必须在连接杆与塔顶连接之后。

用 3 根长 8mϕ22 吊索按规定固定在平衡臂的挂点，待钢丝绳拉紧后卸掉连接平衡臂和司机室塔身节四个销子中的下面两个，此时起重吊车将平衡臂略微抬起，拆卸另外两个销子。

将平衡臂从司机室塔身节中抽出，将平衡臂放至地面，如图 2-1-6 所示。

（5）其他组件的拆卸

首先检查相邻的两个组件间是否有电缆连接，如果有的话先拆卸电缆连接，然后按下列顺序拆卸：

① 拆卸塔顶

用一根 4m 的吊索将塔顶吊住，卸掉塔顶与司机室塔身节的连杆。抽出塔顶的连接销轴，将塔顶拆开下放至地面，如图 7-1-7。

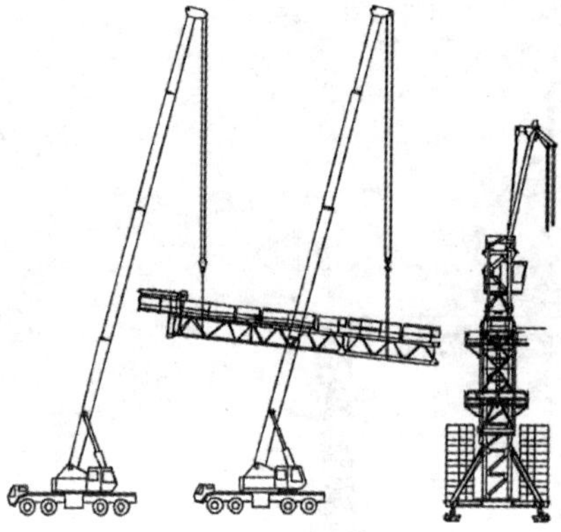

图 7-1-6　平衡臂的拆卸图示（二）

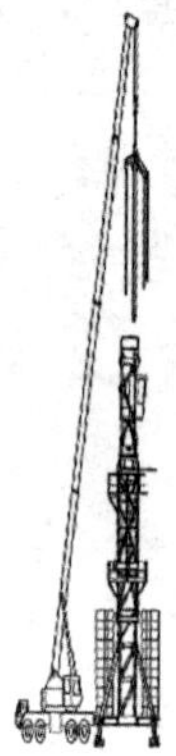

图 7-1-7　塔顶的拆卸

② 拆卸司机室塔身节

用 ϕ22 长 8m 的吊索将司机室塔身节吊住，将连接司机室塔身节和回转支承的销轴卸掉，将司机室塔身节下放至地面。

③ 拆卸回转支承

拆掉套架与回转支承之间的连接销轴，并将套架上支承爬爪挂在塔身顶升踏步上，再用长 8m 的 ϕ22 吊索挂住回转支承，拆掉回转支承与塔身过渡节的连接销轴，并将回转支承放至地面。如果现场条件允许的话，也可以只用一道工序将司机室塔身节和回转支承整体拆卸下来。

④ 拆卸顶升套架及过渡节

用四个标准节销轴将两根 6m 长钢丝绳对折穿挂在过渡节四个角鱼尾板内。拆除过渡节与基础节连接的 8 个销轴。将过渡节与顶升套架一并吊起放置到地面上，如图 7-1-8 所示。

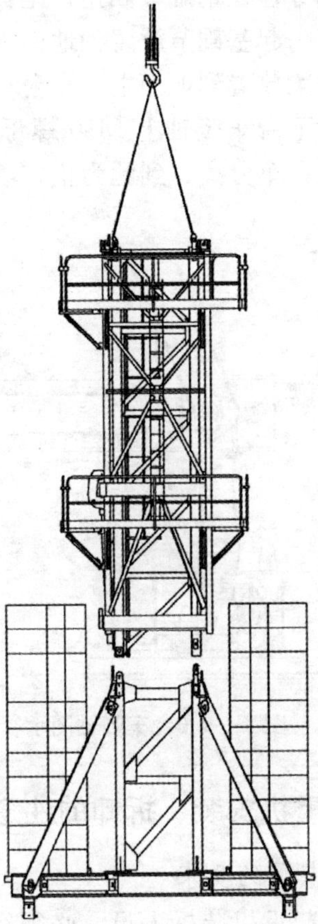

图 7-1-8　顶升套架及过渡节的拆卸

如果放置过渡节的地面是非硬化地面，要在过渡节下面垫上木板或木方。拆下顶升套架所有平台，并将它们摞放在一起。

⑤ 拆卸底架

将所有中心压重块从纵梁上移开。分别拆除四根斜撑。拆除电缆卷穿挂在基础节四角鱼尾板内。拆除基础节与纵梁的连接螺栓。吊起基础穿挂在基础节四角鱼尾板内。拆除基础节与纵梁的连接螺栓。吊起基础节放置到地面。拆除纵梁与横梁的连接螺栓，吊起纵梁放置到地面上。在台车电机下面垫上木方或其他支撑物。拆下台车竖轴上 M30 螺母，如图 7-1-9 所示，将两根横梁吊起与台车分离。到此为止，塔式起重机整机全部拆解完毕。

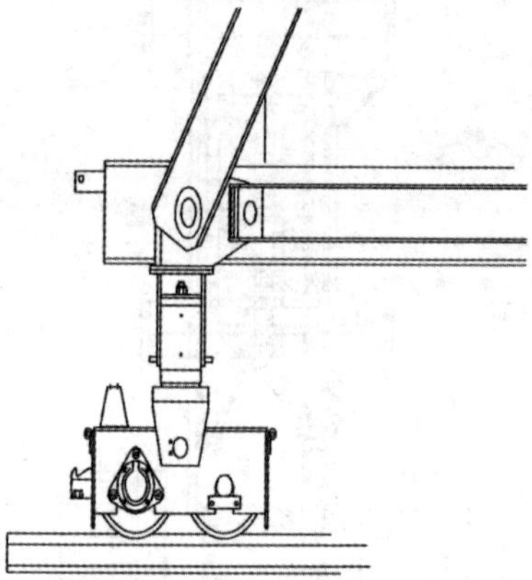

图 7-1-9　台车竖轴图示

三、塔式起重机安装、拆卸的注意事项

（一）对装拆人员的要求

（1）参加塔式起重机装拆人员，必须经过专业培训考核，持有专业的操作证件上岗。

（2）装拆人员严格按照塔式起重机的装拆方案和操作规程中的有关规定、程序进行装拆。

（3）装拆作业人员严格遵守施工现场安全生产的有关制度，正确使用劳动保护用品。

（二）对塔式起重机装拆的管理要求

（1）装拆塔式起重机的施工企业，必须具有装拆作业的资质、并按照装拆塔式起重机资质的等级进行装拆相对应的塔式起重机。

（2）装拆塔式起重机的施工企业，必须建立塔式起重机的装拆专业班组并且配有起重工（装拆工）、电工、起重指挥、塔式起重机操作司机和维修钳工等。

（3）进行塔式起重机装拆，施工企业必须编制专项的装拆安全施工组织设计和装拆工艺要求，并经过企业技术主管领导的审批。

（4）塔式起重机装拆前，必须向全体作业人员进行装拆方案和安全操作技术的书面和口头交底，并履行签字手续。

（三）装拆作业中的安全要求

（1）装拆塔式起重机的作业，必须在班组长的统一指挥下进行，并配有现场的安全监护人员，监控塔式起重机装拆的全过程。

（2）塔式起重机的装拆区域应设立警示标志，派专人进行值班。

（3）作业前，对制动器、连接件，临时支撑要进行调整和检查。对起重作业需要的吊索、吊具要全面检查，符合安全技术要求。

（4）作业中遇到大雨和风力超过四级时，应停止作业。

（5）行走式塔式起重机就位后应将夹具轨钳夹紧。

（6）塔式起重机在安装中，所有的螺栓都要拧紧，并达到紧固力矩的要求。对钢丝绳要进行严格检查，检查是否有断丝磨损现象，如有损坏，应立即更换。

（7）对安装、拆卸中的滑轮组的钢丝绳要理整齐，其扎头要正确使用，扎头数量按钢丝绳规格配置。

第八章　掌握紧急情况处置方法

塔式起重机在使用过程中会遇到某些意外情况，这时，操作人员必须沉着冷静并慎重处理，采取一些合理有效的应急措施，等待维修人员排除故障，尽可能地避免事故，减少损失。应急措施应遵循“安全第一、预防为主、综合治理”“保护人员安全优先，保护环境优先”的原则。

一、塔式起重机作业时制动器突然失灵

塔式起重机起重作业时，制动器突然失灵，操作人员不可惊慌失措，而应首先发出警报信号，同时根据现场人员分布的位置和所吊重物的质量、体积、形状、位置，采取相应的处理措施。如采取继续提升，并将重物移至较空旷处，用电动机控制（点动停机）使重物缓慢地下降到安全场地。

二、塔式起重机作业时突然停电

作业过程中突然发生停电故障，司机应立即关闭电源开关，切断总电源，然后查明停电原因。

（1）如果短时间停电，可待接到来电通知后，合上电源开关，经检查塔式起重机正常后方可继续工作。

（2）如果停电时间过长，应采取以下紧急措施：

① 应将所有控制器拨至“0”位，断开总电源。

② 如吊物下面有障碍物及房屋时，通知项目部暂时撤离吊物下方人员。

③ 由专业人员进行维修检查，采取措施使吊物下降至

地面。

④ 电源恢复接通后，要进行全面检查，可继续工作。

三、塔式起重机作业时变幅钢丝绳突然断裂

塔式起重机作业时，变幅钢丝绳突然断裂，防断绳装置起作用，阻止变幅小车移动，此时操作人员应镇定，发出报警信号，在确保安全的情况下，将所吊重物移至较空旷处，缓慢下降到安全场地，应将所有控制器拨至“0”位，断开总电源。通知专业安装人员更换钢丝绳，经检查符合要求再进行作业。

四、塔式起重机作业时钢结构突然变形

塔式起重机在工作时突然遭受较强的外力，导致钢结构突然变形，此时操作人员要高度冷静，发出报警信号，警示疏散塔式起重机周围人员，同时将所吊重物缓慢落到地面，要保持无回转动作和变幅动作，然后切断电源开关，迅速下到地面。

五、塔式起重机作业时天气突变

恶劣天气指不利于人类生产和活动，或具有破坏性的局地天气状况，例如大雾、云层极低、暴风雨、沙（尘）暴雪暴、强雷暴、冰雹、龙卷风等。

塔式起重机作业时，遇到恶劣天气，在确保安全的情况下，操作人员应将所吊重物就近下降到安全场地，然后将吊钩升到顶部，并把小车跑到臂架根部，起重臂应能随风转动，回转范围内不得有障碍物，切断电源，关闭门窗，撤离驾驶室。

六、发生电气设备故障或线路发生漏电

塔式起重机运行中发生电气设备故障或线路发生漏电，操作人员应立即切断电源，通知专业维修人员进行检修。

参考文献

[1] 中华人民共和国住房和城乡建设部．关于建筑施工特种作业人员考核工作的实施意见：建办质〔2008〕41号［Z］．

[2] 中华人民共和国住房和城乡建设部．建筑施工特种作业人员管理规定：建质〔2008〕75号［Z］．

[3] 中华人民共和国国家质量监督检验检疫总局．起重机设计规范：GB/T 3811—2008［S］．北京：中国标准出版社，2008.

[4] 国家市场监督管理总局．塔式起重机．GB/T 5031—2019［S］．北京：中国标准出版社，2019.

[5] 全国起重机械标准化技术委员会．塔式起重机安全规程：GB 5144—2006［S］．北京：中国标准出版社，2007.

[6] 中华人民共和国住房和城乡建设部．建筑施工塔式起重机安装、使用、拆卸安全技术规程：JGJ 196—2010［S］．北京：中国建筑工业出版社，2010.

[7] 中华人民共和国住房和城乡建设部．塔式起重机混凝土基础工程技术标准：JGJ/T 187—2019［S］．北京：中国建筑工业出版社，2019.

[8] 徐工集团徐州建机工程机械有限公司．QTZ80塔式起重机说明书［Z］．2019.

[9] 江苏省建筑行业协会建筑安全设备管理分会．塔式起重机安装拆卸工［M］．北京：中国建筑工业出版社，2019.

[10] 山东省建筑安全与设备管理协会．塔式起重机司机［M］．北京：中国建筑工业出版社，2019.

[11] 住房和城乡建设部工程质量安全监管司．建筑施工安全事故案例分析［M］．北京：中国建筑工业出版社，2019.

[12] 中国建筑协会建筑安全分会，北京康建建安建筑工程技术研究有限责任公司．施工起重机械安全管理实操手册［M］．北京：

中国建筑工业出版社，2016.
[13] 住房和城乡建设部工程质量安全监管司．塔式起重机安装拆卸工［M］．北京：中国建筑工业出版社，2010.
[14] 喻乐康，孙在鲁，黄时伟．塔式起重机安全技术［M］．北京：中国建材工业出版社，2014.
[15] 吴恩宁．建筑起重机械安全技术与管理［M］．北京：中国建筑工业出版社，2015.
[16] 施炯．建筑起重机械管理手册［M］．杭州：浙江工商大学出版社，2017.
[17] 严尊湘．塔式起重机、施工升降机安全使用100问［M］．北京：中国建筑工业出版社，2014.
[18] 全茂祥，宋旭峰．塔式起重机安装拆卸工［M］．北京：中国建筑工业出版社，2017.
[19] 罗映雪．建设工程塔式起重机事故类型、原因与对策分析［J］．现代物业（上旬刊）．2012（2）：40-41.
[20] 王耀生．建筑塔式起重机事故原因分析与预防措施［J］．广西大学学报（哲学社会科学版）．2007（S2）：75-76.